T0216327

Wissenschaftliche Reihe Fahrzeugtechnik Universität Stuttgart

Reihe herausgegeben von
Michael Bargende, Stuttgart, Deutschland
Hans-Christian Reuss, Stuttgart, Deutschland
Jochen Wiedemann, Stuttgart, Deutschland

Das Institut für Verbrennungsmotoren und Kraftfahrwesen (IVK) an der Universität Stuttgart erforscht, entwickelt, appliziert und erprobt, in enger Zusammenarbeit mit der Industrie, Elemente bzw. Technologien aus dem Bereich moderner Fahrzeugkonzepte. Das Institut gliedert sich in die drei Bereiche Kraftfahrwesen, Fahrzeugantriebe und Kraftfahrzeug-Mechatronik. Aufgabe dieser Bereiche ist die Ausarbeitung des Themengebietes im Prüfstandsbetrieb, in Theorie und Simulation. Schwerpunkte des Kraftfahrwesens sind hierbei die Aerodynamik, Akustik (NVH), Fahrdynamik und Fahrermodellierung, Leichtbau, Sicherheit, Kraftübertragung sowie Energie und Thermomanagement – auch in Verbindung mit hybriden und batterieelektrischen Fahrzeugkonzepten. Der Bereich Fahrzeugantriebe widmet sich den Themen Brennverfahrensentwicklung einschließlich Regelungs- und Steuerungskonzeptionen bei zugleich minimierten Emissionen, komplexe Abgasnachbehandlung, Aufladesysteme und -strategien, Hybridsysteme und Betriebsstrategien sowie mechanisch-akustischen Fragestellungen. Themen der Kraftfahrzeug-Mechatronik sind die Antriebsstrangregelung/Hybride, Elektromobilität, Bordnetz und Energiemanagement, Funktions- und Softwareentwicklung sowie Test und Diagnose. Die Erfüllung dieser Aufgaben wird prüfstandsseitig neben vielem anderen unterstützt durch 19 Motorenprüfstände, zwei Rollenprüfstände, einen 1:1-Fahrsimulator, einen Antriebsstrangprüfstand, einen Thermowindkanal sowie einen 1:1-Aeroakustikwindkanal. Die wissenschaftliche Reihe „Fahrzeugtechnik Universität Stuttgart" präsentiert über die am Institut entstandenen Promotionen die hervorragenden Arbeitsergebnisse der Forschungstätigkeiten am IVK.

Reihe herausgegeben von

Prof. Dr.-Ing. Michael Bargende
Lehrstuhl Fahrzeugantriebe
Institut für Verbrennungsmotoren und
Kraftfahrwesen, Universität Stuttgart
Stuttgart, Deutschland

Prof. Dr.-Ing. Jochen Wiedemann
Lehrstuhl Kraftfahrwesen
Institut für Verbrennungsmotoren und
Kraftfahrwesen, Universität Stuttgart
Stuttgart, Deutschland

Prof. Dr.-Ing. Hans-Christian Reuss
Lehrstuhl Kraftfahrzeugmechatronik
Institut für Verbrennungsmotoren und
Kraftfahrwesen, Universität Stuttgart
Stuttgart, Deutschland

Weitere Bände in der Reihe http://www.springer.com/series/13535

Nick Trümmel

Verlässlichkeits-
steigerung elektrischer
Antriebe am Beispiel
der elektromechani-
schen Servolenkung

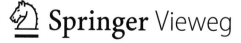 Springer Vieweg

Nick Trümmel
IVK, Fakultät 7, Lehrstuhl für
Kraftfahrzeugmechatronik
Universität Stuttgart
Stuttgart, Deutschland

Zugl.: Dissertation Universität Stuttgart, 2018

D93

ISSN 2567-0042   ISSN 2567-0352   (electronic)
Wissenschaftliche Reihe Fahrzeugtechnik Universität Stuttgart
ISBN 978-3-658-27805-2   ISBN 978-3-658-27806-9   (eBook)
https://doi.org/10.1007/978-3-658-27806-9

Die Deutsche Nationalbibliothek verzeichnet diese Publikation in der Deutschen National-
bibliografie; detaillierte bibliografische Daten sind im Internet über http://dnb.d-nb.de abrufbar.

Springer Vieweg ist ein Imprint der eingetragenen Gesellschaft Springer Fachmedien Wiesbaden
GmbH und ist ein Teil von Springer Nature.
Die Anschrift der Gesellschaft ist: Abraham-Lincoln-Str. 46, 65189 Wiesbaden, Germany

Vorwort

Die vorliegende Arbeit ist geprägt von einer systematischen Herangehensweise und bezieht eine Vielzahl interdisziplinärer Aspekte aus der Systemauslegung, der Mechanik, der Elektrik und Elektronik sowie der Sicherheit und Erprobung ein. Diese Vielseitigkeit in den bearbeiteten Themenfeldern ist maßgeblich durch die Tätigkeit und breite Unterstützung vieler Kollegen der Robert Bosch Automotive Steering GmbH (ehemals ZF-Lenksysteme) gefördert und gefordert wurden. Die vergangenen dreieinhalb Jahre wurden damit fachlich und persönlich zu einem der wohl intensivsten und lehrreichsten beruflichen Lebensabschnitte. Hierfür möchte ich allen direkt und indirekt unterstützenden Kollegen auf das herzlichste danken. Besonderer Dank gilt meinen Kollegen im Team der Mechatronikentwicklung sowie dem Motorlabor, die mit ihrer Unterstützung und vielen interessanten Fachgesprächen die Einsicht und das Verständnis für die Komplexitäten von EPS- Antrieben und Lenksystemen bereichert haben. Den Kollegen aus dem Fahrversuch danke ich für die Unterstützung bei den durchgeführten Versuchen und der Probandenstudie. Zu großem Dank für seine umfassende Unterstützung bin ich Thomas Pötzl, ehem. Senior Manager der Entwicklung Elektrik & Elektronik verpflichtet. Ohne sein Zutun hätte es weder die Doktorandenstelle noch die interessanten Hintergründe und Anregungen gegeben. Dafür: Vielen Dank! Ein herzliches Dankeschön auch an Professor Reuss und sein Institut für die Möglichkeit und Unterstützung der Promotion. Was im Beruflichen die Unterstützung durch die Vielzahl engagierter Kollegen war, ist im Privaten der Rückhalt und die Unterstützung meiner geliebten Familie. Ich danke meinen Eltern ganz herzlich, sowohl für ihre offensichtlich gelungene Erziehung, die jederzeit spürbare Unterstützung als auch das immer wieder geäußerte Vertrauen. Und was wäre meine Danksagung ohne ein paar herzliche Worte für meine geliebte Frau: Trang, du als meine „Motivatorin" und ausgezeichnete (leibliche) Versorgerin hast einen riesigen Anteil am Gelingen dieser Arbeit. Ich danke dir von ganzem Herzen für deine Unterstützung, deine Geduld, deine „Opfer" und den Rückhalt, den du mir in manch anstrengender Stunde gegeben hast.

Ihnen und Euch ein riesiges DANKESCHÖN!

Nick Trümmel

Inhaltsverzeichnis

Vorwort V

Abbildungsverzeichnis IX

Tabellenverzeichnis XIII

Abkürzungsverzeichnis XV

Formelzeichen XVII

Zusammenfassung XIX

Abstract XXI

1   Einleitung 1

2   Stand der Technik und seine Grenzen 3

    2.1   Allgemeiner Aufbau und Funktion von EPS- Systemen 3

    2.2   Der elektromechanische Aktuator 4

    2.3   Neue Herausforderungen und Grenzen des Technikstandes 9

3   Anforderungen an eine fehlertolerante EPS 13

    3.1   Normative Anforderungen 13

    3.2   Technische Anforderungen 15

        3.2.1   Unterstützungsgrad (Level of Assist, LeOA) 17

        3.2.2   Qualität der degradierten Unterstützung 25

        3.2.3   Restbetriebsdauer und Belastungsgrenzen 27

4   Konzeption des fehlertoleranten E- Antriebs 29

    4.1   Grundlagen Fehlertoleranz 29

    4.2   Allgemeine technische Lösungsansätze 30

4.3   Lösungsansatz für den elektrischen Antrieb 33

      4.3.1   Auswahl einer geeigneten Motortopologie 33

      4.3.2   Bewertung der elektromagnetischen Kopplung 37

      4.3.3   Festlegen der Antriebsarchitektur 41

5   Validierung einer neuen EPS- Antriebsarchitektur 45

5.1   Motor- und Systemsimulationen 45

5.2   Funktionalität und Performance im Normalbetrieb 49

5.3   Analyse von Fehlerbildern und deren Auswirkungen 50

      5.3.1   Unterbrechungsfehler 53

      5.3.2   Kurzschlussfehler 57

6   Komfortoptimierter Betrieb nach Fehler 61

6.1   Strategien nach Unterbrechungsfehler 61

      6.1.1   Abschaltung der Ansteuerung eines Teilantriebes 62

      6.1.2   3+2- Phasennotbetrieb 63

      6.1.3   „3 & 2"- Phasennotbetrieb 64

      6.1.4   „2 & 2"- Phasennotlauf 65

6.2   Strategien nach Kurzschlussfehler 69

      6.2.1   Aktiver Kurzschlusses in einem Teilantrieb 70

      6.2.2   „3 & 2"- Phasennotbetrieb nach Kurzschluss 80

6.3   Inverse Kompensation 81

6.4   Maßnahmen nach Zwischenkreiskurzschluss 83

7   Schlussfolgerung und Ausblick 87

Literaturverzeichnis 91

Abbildungsverzeichnis

Abbildung 2.1: Schematischer Leistungspfad am Bsp. einer EPSapa 4

Abbildung 2.2: Schnittmodell PMSM und konzentrierte Zahnspulen 5

Abbildung 2.3: Lineares Ersatzschaltbild einer 3- phasigen PMSM 5

Abbildung 2.4: Grundcharakteristiken eines geregelten PMSM-
Antriebes 7

Abbildung 2.5: Aufbau eines Powerpacks für die
Lenkungsanwendung 7

Abbildung 2.6: Feldorientierte Regelung sinuskommutierter
Maschinen 8

Abbildung 2.7: Verlässlichkeitsoptimierung und Entwicklungsziele 11

Abbildung 3.1: Strategie und Aspekte eines degradierten Betriebes 16

Abbildung 3.2: Verfügbare und abgerufene Zahnstangenleistung;
links: schematisch, rechts: Beispiel für einen
Stadtfahrzyklus 18

Abbildung 3.3: Lenkwinkel und Kraft als Funktion der
Geschwindigkeit 20

Abbildung 3.4: Manöverübersicht, Messstellen und charakt.
Ergebnisse der Studie für eine Konfiguration 22

Abbildung 3.5: Kumulierte Lenkcharakteristiken in Abhängigkeit
von Fahrzeug und Unterstützungsgrad
(„Kreisverkehr") 23

Abbildung 3.6: Kumulierte Lenkcharakteristiken in Abhängigkeit
von Fahrzeug und Unterstützungsgrad (ISO-
Spurwechsel) 23

Abbildung 3.7: Umrechnung von Lenk- auf Motormoment 26

Abbildung 4.1: Sechs Stufen der Fehlertoleranz, nach [6] 29

Abbildung 4.2: Verschaltungslayout von 3-/ dual- 3- phasigen
Maschinen 36

Abbildung 4.3: Motortopologie mit Einschichtwicklung 38

Abbildung 4.4:   Vergleich von L_{dd} und L_{qq} aus Messung und
Simulation 39

Abbildung 4.5:   Gemessene Phasenströme und G- EMK in den Teilmaschinen vor und nach Unterbrechungsfehler 40

Abbildung 4.6:   Vergleich etablierter und der D3P- Antriebsarchitektur mit gesteigerter Verlässlichkeit 43

Abbildung 5.1:   Aufbau des reduzierten Ordnungsmodells 47

Abbildung 5.2:   Lastabhängigkeit der Induktivitäten L_d, L_q und L_{dq}
bzw. L_{qd} 47

Abbildung 5.3:   Modell zur Antriebssimulation 49

Abbildung 5.4:   Performance des sim. Antriebes im Normalbetrieb 50

Abbildung 5.5:   Übersicht möglicher Fehlerbilder im elektrischen
Antrieb 51

Abbildung 5.6:   Auswirkungen der MOSFET- Unterbrechung auf
Drehmoment und Phasenstrom 54

Abbildung 5.7:   Messung an D3P- Prototypen mit
Phasenunterbrechung 55

Abbildung 5.8:   Unterbrechung DBC 1/3 zw. Endstufe und
Zwischenkreis 56

Abbildung 5.9:   Unterbrechung von Modul 2 (zwischen ZK und
Endstufe) 56

Abbildung 5.10:   Unterbrechung eines Zwischenkreiskondensators 57

Abbildung 5.11:   Kurzschluss eines Leistungshalbleiters in der
Endstufe 59

Abbildung 5.12:   Kurzschluss Kondensator mit anschließender
Abschaltung 60

Abbildung 6.1:   Betriebsstrategien nach Unterbrechungsfehler 62

Abbildung 6.2:   Moment und Phasenstrom bei Abschaltung
Teilantrieb 62

Abbildung 6.3:   Simuliertes Drehmoment für Boost- (links) oder
Fade- out- Betrieb (rechts) 63

Abbildung 6.4:   Prinzip und beispielhafte Charakteristik des „2 & 2"
Phasennotbetriebes 65

Abbildung 6.5: Prinzipskizze DBC2- Unterbrechung und Adaption der Stromzeiger 66

Abbildung 6.6: Vorgehensmodell zur Ermittlung der optimalen Phasenlage bei „2 & 2"- Phasennotbetrieb 67

Abbildung 6.7: Räumliche Radialkraftverteilung in Abhängigkeit von der Betriebsstrategie 68

Abbildung 6.8: Simulierte Varianten Notbetriebe; V2 mit 25 %-, V3 mit 12,5 %- Leistungsbeitrag der TM1 69

Abbildung 6.9: Performance nach einem FET- Kurzschluss und Umschaltung auf 3- phasigen Kurzschluss 71

Abbildung 6.10: Gemessene Kurzschlussströme und mittleres Brems- moment einer Teilmaschine (12/10-V1) 72

Abbildung 6.11: Vergleich des Bremsmoments einer Teilmaschine nach 3- Phasenkurzschluss je untersuchter Topologie 73

Abbildung 6.12: Vergleich von Kurzschlussstrom und Bremsmoment aus Analytik, Simulation und Messung 74

Abbildung 6.13: M(n)- Charakteristik des D3P- Motors in 12/10- Topologie mit 3- Phasenkurzschluss in TM 1 76

Abbildung 6.14: Einfluss des Phasenwiderstandes auf das Bremsmoment 78

Abbildung 6.15: Einfluss der d- Induktivität auf das Bremsmoment 79

Abbildung 6.16: Drehmoment und Phasenströme nach Kurzschluss und Adaption beider Regelkreise (ab 35 ms) 81

Abbildung 6.17: Drehmoment vor und nach Aufschaltung der inversen Kompensation (ab ca. 120 ms) 83

Abbildung 6.18: Erscheinungsbild und Maßnahmen nach Zwischen- kreiskurzschluss im Modul 1/ 3 der Endstufe. 84

Abbildung 6.19: Erscheinungsbild Maßnahmen nach Zwischenkreis- kurzschluss im Modul 2 der Endstufe. 85

Tabellenverzeichnis

Tabelle 3.1: Zulässige Betätigungskraft von mechanischen Lenkanlagen (ohne Unterstützungseinrichtung), PKWs = Klasse M1 [5]...15

Tabelle 4.1: Simulationsergebnisse für Selbst- und Gegeninduktivitäten der Motortopologien im Bemessungspunkt 39

Abkürzungsverzeichnis

AKS	Aktiver 3- Phasenkurzschluss
ASIL	*Automotive Safety Integrity Level*
ASM	Asynchronmaschine
BD	*Bodydiode*, parasitäre Charakteristik bei MOSFETs
D3P	Dual- 3- Phasen
DBC	*Direct Bonded Copper*; Schaltungsmodul mit Halbbrücke
ECU	*Electronic control unit*; Steuergerät
EMK	Elektromotorische Kraft (Spannung)
EMV	Elektromagnetische Verträglichkeit
EPS	*Electric power steering*; Servolenkung
EPSapa	*EPS axisparallel type*, achsparallele Variante
EPSdp	*EPS dual pinion type*; Doppelritzel- Variante
EPSc	*Electric power steering*, column type; Lenksäule
FEM	Finite Element Methode
FET	Feldeffekt- Transistor
FIT	*Failure in time,* Ausfallrate/ -wahrscheinlichkeit
FOR	Feldorientierte Regelung
HPS	*Hydraulic Power Steering*; hydraulische Servolenkung
ISO	*International Standardization Organisation*
LeOA	*Level of Assist*; Unterstützungsgrad
LOA	*Loss of Assist*; Verlust der Lenkunterstützung
MEA	*More Electric Aircraft*; Elektrifizierung im Flugzeug
MOSFET	*Metal- Oxide- Semiconductor Field- Effect Transistor*
NKW	Nutzkraftwagen, auch LKW
NVH	*Noise- Vibration- Harshness*; Geräusch/ Vibration/ Störung
PKW	Personenkraftwagen
PM	Permanentmagnet
PMSM	Permanentmagneterregte Synchronmaschine
PWM	Pulsweitenmodulation
TM	Teilmaschine
ZK	Zwischenkreis

Formelzeichen

F_{rack}	Zahnstangenkraft
$i_{d/q}$	d-/q- Achsen-Strom
i_G	Getriebeübersetzung (z.B. Servo-/Lenkritzel-)
$i_{Str,i}$	Strangstrom in der i- ten Phase
$L_{i,j}$	Koppelinduktivität, induktive Wirkung Phase j auf Phase i
$L_{d/q/dq}$	d-/q- Achsen- Induktivität/ Koppelinduktivität d-/q- Achse
m / m_{Fzg}	Anzahl Stränge bzw. Phasen (elektr.) / Fahrzeugmasse
M	Drehmoment z.B. des Motors oder Lenkmoment
N	Anzahl der Nuten im Stator
n	Motordrehzahl; auch: Anzahl derTeilmaschinen
p	Polpaarzahl des Motors (Anzahl der Rotorpole = 2p)
$P_{m/el}$	Mechanische / elektrische Leistung
$P_{m,Rack}$	Zahnstangenleistung
$P_{m,Mot}$	Anteil Motorleistung
$P_{m,SW}$	Anteil Lenkleistung
R / $R_{Str,i}$	Ohmscher Widerstand / Strangwiderstand der i- ten Phase
$u_{d/q}$	d-/q- Achsenspannung
$u_{ind,i}$	Induzierte Spannung in der i- ten Phase
$u_{L,i}$	Spannungsabfall über die Induktivität der i- ten Phase
$u_{R,i}$	Spannungsabfall über Wicklungswiderstand der i-ten Phase
$u_{Str,i}$	Strangspannungsabfall über der i- ten Phase
u_{ZK}	Zwischenkreisspannung
v_{rack}	Zahnstangengeschwindigkeit
v_{SW} / v_{Fzg}	Lenkgeschwindigkeit / Fahrzeuggeschwindigkeit
η_{Mot}	Wirkungsgrad des Motors
$\omega_{el/m}$	elektrische / mechanische Winkelgeschwindigkeit
Θ	Magnetische Durchflutung
θ	(Rotor-) Lagewinkel
θ_{SW} / $\dot{\theta}_{SW}$	Lenkwinkel / Lenkwinkelgeschwindigkeit
ϑ / $\vartheta_{ambient}$	Temperatur / Umgebungstemperatur
φ	Winkel der (elektrischen) Phasenverschiebung
ψ_{PM}	Flussverkettung der Phasen mit dem Permanentmagneten

Zusammenfassung

Das Lenksystem eines Kraftfahrzeuges ist ein sicherheitsrelevantes Teilsystem, das gerade wegen zunehmender Komplexität und steigenden Anforderungen an Design und Funktion ein hohes Maß an Verlässlichkeit aufweisen muss. In Servolenksystemen gemäß dem Stand der Technik verhindert der sichere Zustand das Auftreten ungewollter Systemreaktionen, wozu unbeabsichtigte Lenkwinkeländerungen („Selbstlenker") und ein Blockieren der Lenkung („Blockierer") gehören. Mit der Forderung nach Komfortverbesserungen und dem Blick auf die neuen Funktionen des automatisierten Fahrens ergibt sich ein neues Sicherheitsziel. Ein Kern der vorliegenden Arbeit befasst sich deshalb mit dem zukünftig nicht mehr akzeptierten plötzlichen Verlust der Lenkunterstützung und der anschließenden Reduktion auf ein (derzeit noch) vorhandenes mechanisches System. Es bedarf einer zusätzlichen Rückfallebene, welche eine zumindest zeitlich begrenzte (Rest-) Funktionalität gewährleisten kann. Die Definition dieses Zustandes wird im Folgenden als degradierter Betrieb charakterisiert.

Eine vollständige Fehlertoleranz (= 100% Funktion nach dem ersten beliebigen Fehler) und damit verbunden eine absolute Sicherheit und Verfügbarkeit des elektromechanisch unterstützten Lenksystems sind technisch und wirtschaftlich nicht zu realisieren. Nachfolgend im zweiten Kern der Arbeit vorgestellte Untersuchungen werden zeigen, dass eine vollständige Redundanz im gesamten System zwar erforderlich ist, um die komfortable Beherrschbarkeit eines Kraftfahrzeugs nach Auftreten einer beliebigen Störung zu gewährleisten. Allerdings können durch das Verfolgen eines Systemansatzes und die Kombination verschiedener verlässlichkeitssteigernder Maßnahmen applikationsspezifische Potentiale genutzt werden. Im vorliegenden Anwendungsfall der elektrischen Lenkunterstützung ist die Überführung in einen zeitlich begrenzten, degradierten Betriebsmodus ausreichend. Dies und die Tatsache, dass durch die Implementierung fehlertoleranter Betriebsstrategien eine Vereinfachung der Architektur vorgenommen werden kann, führen auf eine mögliche Optimallösung für den elektrischen Aktuator einer Servolenkung, die alle Restriktionen zu berücksichtigen versucht und zweckmäßig den neuen Anforderungen begegnen kann. Ihre Herleitung, Vorstellung und Verifikation runden die Betrachtungen in dieser Arbeit ab.

Abstract

The steering system of a car has been a safety relevant sub- system since the beginning. Even if complexity of and requirements regarding function and design are going to increase further, those system have to show a strong reliability. For today's power assisted steering systems this condition implies the suppression of unintended steering ("self- steering") and any kind or feeling of blocking ("blocked steering system"). In the cause of new or extended comfort requirements, especially in combination with regard to the new functionalities of partly and highly automated driving there will be a new safety goal: A sudden loss of assist in an EPS- System will no longer be accepted and has to be prevented by effective measures. The current fallback to the mechanical steering is not enough for a vehicle that may run automatically without any driver assistance. It requires an additional, fault- tolerant fallback solution to keep at least a limited functionality of the EPS- drive unit for a certain time period. In the following this solution -stated as "degraded operation"- is going to be one of the main topics of the present work.

A completely fault- tolerant system ensuring safety and reliability over lifetime for all single products is technically and economically hardly to achieve. It will be shown that a full fault- tolerance of cause will be necessary to keep the operability and controllability of a power assisted steering system after any kind of relevant fault. However, due to the proposed system approach and the combination of different reliability- increasing measures, specific potentials could be available. In case of an electric power steering system, the conversion to a time-mlimited, degraded mode of operation is proven to be sufficient. This and the fact that simplification of the architecture can be done by implementing fault-mtolerant operating strategies may lead to a possible optimal solution for the electric actuator of a power steering taking into account all restrictions and may conveniently meet the new requirements. Their derivation, their conception and its verification are subject of this thesis as well.

1 Einleitung

Mit einem weltweiten Bestand von über 1,2 Milliarden Stück ist unbestritten, welche enorme Verbreitung und Bedeutung das Kraftfahrzeug heutzutage besitzt. Die eigene Mobilität und der Transport von Waren, wie wir es heute kennen, haben sich seit dem Patent für den Benz- Motorwagen im Jahr 1886 rasant entwickelt und werden heute mehr denn je ausgeführt von komplexen technischen Gebilden. An immer mehr Stellen im Automobil lassen sich Verbindungen mechanischer Wirkprinzipien mit elektrischen und elektronischen Schaltungen wiederfinden. Auf der einen Seite erlaubt diese Mechatronik eine Vielzahl nützlicher und erforderlicher Funktionen (Steuerung/Regelung von Mechanik, Assistenzfunktionen). Auf der anderen Seite resultieren aus dem Zusammenspiel verschiedener physikalischer Domänen (u.a. Mechanik, Elektrik, Thermodynamik) viele Interdependenzen, deren wirksames und richtiges Zusammenspiel sichergestellt werden muss.

Den technologischen Herausforderungen und Entwicklungen entgegen steht ein elementares Sicherheitsbedürfnis, wonach von solchen komplexen Systemen keine bzw. nur tolerierbare Gefährdungen ausgehen dürfen. Um zusätzlich zu den eigentlichen Funktions- und Komfortanforderungen auch den Erwartungen an die Sicherheit gerecht zu werden, sind ständige, produktbegleitende Maßnahmen erforderlich. Dies beginnt in der Entwicklung mit immer wiederkehrenden iterativen Prozessen im Rahmen des Anforderungsmanagements, in der Anwendung von Risikoanalysen und der Durchführung von Validierungen. Letztlich bestimmt aber auch die richtige Nutzung der Produkte im Rahmen ihrer spezifizierten Einsatzbedingungen, ob ein Produkt seinen Anforderungen an Funktion, Sicherheit und Verfügbarkeit gerecht wird.

Eine solche Anwendung aus dem Automobilsektor mit diversitären Anforderungen an Funktion, Ökonomie und Verlässlichkeit stellen Lenk- und Lenkassistenzsysteme dar. Als elementare Voraussetzung für die zielgerichtete Querführung eines Kraftfahrzeuges kommt der Lenkung eine besondere Bedeutung bei. In der Ausbauform als Servolenkung, bevorzugt mit einem unterstützenden elektromotorischen Aktuator versehen (EPS), ist sie heute in dem größten Teil aller neuen Fahrzeuge zu finden. Ihre Verwendung in unterschiedlichen Fahrzeugklassen und der Betrieb in verschiedensten Fahrsituationen bei variablen Umgebungsbedingungen prägen einen sehr großen Einsatzbereich, in

© Springer Fachmedien Wiesbaden GmbH, ein Teil von Springer Nature 2019
N. Trümmel, *Verlässlichkeitssteigerung elektrischer Antriebe am Beispiel der elektromechanischen Servolenkung,* Wissenschaftliche Reihe Fahrzeugtechnik Universität Stuttgart, https://doi.org/10.1007/978-3-658-27806-9_1

dem eine Funktion zu gewährleisten ist. Die Bereitstellung einer komfortablen Unterstützung hat dabei sowohl im direkten Sinne für den Fahrer als auch im indirekten Sinne für die Insassen bzw. zu transportierenden Waren zu erfolgen. Bereits heute erlaubt die Einbindung des Lenkaktuators in die Gesamtsteuerung eines Kraftfahrzeuges die Realisierung von Fahrassistenzfunktionen, wie dem Spurhalte-, Staufolge- oder Einparkassistenten. Derartige Funktionen werden in Zukunft mit den Bestrebungen zum teil- und vollautomatisierten Fahren weiter zunehmen.

Die nachfolgend vorgestellten Untersuchungen werden zeigen, wie der aus teilweise neuen oder erweiterten Anforderungen resultierende technologische Fortschritt mit dem stetig vorhandenen Sicherheitsbedürfnis in Einklang gebracht werden könnte. Dazu wird beginnend mit dem Stand der Technik ein Überblick über den heutigen Systemaufbau, die Funktionsweise und das Sicherheitskonzept gegeben. Aus dem Abgleich mit den neuen Funktionalitäten werden Grenzen heutiger Architekturen aufgezeigt und die neuen Herausforderungen skizziert. Im Kapitel 3 wird mittels einer Zusammenstellung von normativen und technischen Rahmenbedingungen eine Basis für die Konzeptionierung einer neuen Antriebsarchitektur erarbeitet. Dieses neue Konzept wird aus der Bewertung und Synthese grundlegend bekannter Fehlertoleranz-Prinzipien und -Lösungen definiert und anschließend hinsichtlich seiner Eignung verifiziert. Die Herleitung und Erläuterung fehlertolerierender Betriebsstrategien für relevante Fehlerbilder im elektrischen Antrieb führen letztlich zu dem beabsichtigten Nachweis, dass die Beherrschbarkeit eines Kraftfahrzeuges auch ohne eine vollständige Redundanz und innerhalb definierter Restriktionen möglich ist. Schlussendlich wird dieses Ergebnis noch einmal gegen den Hintergrund des Systemgedankens gespiegelt und ein Fazit der Ausführungen gezogen.

2 Stand der Technik und seine Grenzen

2.1 Allgemeiner Aufbau und Funktion von EPS- Systemen

Die zentrale Aufgabe eines Lenksystems ist die Umsetzung der gewünschten Spurführung (Querführung) des vom Fahrzeugführer gesteuerten Kraftfahrzeugs in allen Fahrsituationen. Der Fahrerwunsch wird dabei durch eine Betätigungsvorrichtung (häufig ein Lenkrad oder Joystick) über eine Mechanik direkt oder indirekt auf gelenkte Achsen bzw. Räder übertragen. Für ein komfortables Lenkverhalten muss ein Lenksystem, ob mit oder ohne Servounterstützung, präzise und haptisch ansprechend bedienbar sein, zugleich aber auch eine den Belastungen entsprechende Dimensionierung und über Lebensdauer eine spezifizierte Robustheit aufweisen. Aus diesem Grund wird z.B. in [1] zurecht auf den prägenden Einfluss des Lenksystems auf die Fahr- und Fahrzeugcharakteristik verwiesen.

Elektromechanisch unterstützte Lenksysteme haben hydraulische Servo-systeme aus Effizienz- (Power on demand), Bauraum- (hochintegrierter Aktuator) und Funktionsgründen (Fahrassistenz und Dynamik) aus dem Pkw- Segment weitgehend substituiert und sind dort mittlerweile etablierter Stand der Technik. Wie dem skizzierten Wirkpfad in der Abbildung 2.1 zu entnehmen ist, wird das vom Aktuator bereitgestellte Servomoment mittels eines mechanischen Getriebes (z.B. achsparallele Bauform mit Riemen- und Kugelgewindetrieb) auf wahlweise die Zahnstange oder die Lenksäule übertragen. Die Berechnung der erforderlichen Lenkunterstützung durch den Servomotor erfolgt in dessen Steuergerät unter Einbeziehung von extern ermittelten Parametern wie dem Lenkwinkel, der Fahrzeuggeschwindigkeit, dem Fahrmodus, der Beladung, des Untergrundes, der Temperatur oder bestimmten Systemgrößen (u.a. Versorgungsspannung). Diese und weitere Messgrößen werden an das Steuergerät des Antriebes übermittelt und dort verarbeitet. Das Wirkprinzip des elektromechanischen Aktuators stellt damit im Wesentlichen eine Leistungsüberlagerung dar. Die geschlossene Wirkkette vom Lenkrad, über Lenksäule, Lenkritzel, Zahnstange bis hin zu den Spurstangen bildet in den meisten heutigen Lenksystemen immer noch eine mechanische Rückfallebene, was die Sicherheit und Zuverlässigkeit der Lenkungsanlage im Sinne gültiger Vorschriften gewährleistet.

© Springer Fachmedien Wiesbaden GmbH, ein Teil von Springer Nature 2019
N. Trümmel, *Verlässlichkeitssteigerung elektrischer Antriebe am Beispiel der elektromechanischen Servolenkung,* Wissenschaftliche Reihe Fahrzeugtechnik Universität Stuttgart, https://doi.org/10.1007/978-3-658-27806-9_2

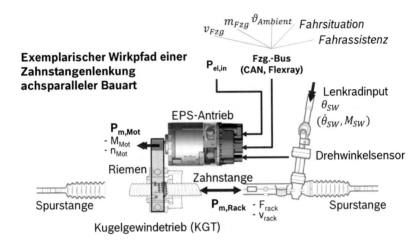

Abbildung 2.1: Schematischer Leistungspfad am Bsp. einer EPSapa

2.2 Der elektromechanische Aktuator

Eine der wesentlichen Hauptkomponenten einer elektromechanischen Servolenkung ist der elektrische Antrieb, bestehend aus einem Steuergerät und dem
Elektromotor. Die Vielzahl und Komplexität der Anforderungen an ein heuti-
ges Lenksystem münden in ebenso vielen wie auch teilweise konträren Forde-
rungen an den Antrieb: er soll bei relativ kleinem Bauraum und geringen Kosten ein Höchstmaß an Dynamik, Leistungsdichte und Effizienz bereitstellen,
sowie die erforderliche Verlässlichkeit aufweisen. Was Letzteres für Auslegung und Funktion des elektrischen Antriebs bedeutet, wird in nachfolgenden
Kapiteln noch ausführlicher erläutert werden. Im Wesentlichen sind drei verschiedene Bauformen von E- Maschinen im Einsatz, wobei Gleichstrommoto-
ren und Asynchronmaschinen aufgrund dokumentierter Nachteile vornehm-
lich nur noch in Nischenanwendungen zu finden sind. Die Bauform der permanenterregten Synchronmaschine (PMSM) hat sich dagegen aufgrund ihrer
Vorteile hinsichtlich Leistungsdichte, Dynamik und Betriebsqualität weit ver-
breitet. Den beispielhaften Aufbau einer solchen Bauform visualisiert das
Schnittbild in Abbildung 2.2. Lenkungsmotoren sind vielfach gekennzeichnet
durch konzentrierte Zahnspulenwicklungen, Segmentmagneten auf oder im

Rotorblechpaket und besitzen typische Topologien, wie 9/6, 12/8, 12/10 oder 12/14. (Zahl der Statorpole/Zahl der Rotorpole)

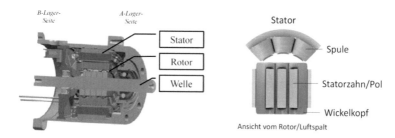

Abbildung 2.2: Schnittmodell PMSM und konzentrierte Zahnspulen

Für die (analytische) Beschreibung der Funktionsweise einer PMSM bietet sich zu Beginn der Blick auf das elektrische Netzwerk in Form eines Ersatzschaltbildes an (Abbildung 2.3).

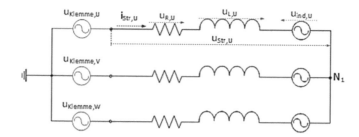

Abbildung 2.3: Lineares Ersatzschaltbild einer 3- phasigen PMSM

Der Aufbau bzw. die Wirkweise einer elektrischen Phase lässt sich auf drei Elemente vereinfachen: den ohmschen Widerstand des stromdurchflossenen Spulendrahtes (häufig aus Kupfer), die Induktivität der Spulen als Folge der Feldwirkungen und eine Wechselspannungsquelle als Folge der Flussverkettung zwischen Statorspulen und dem Magnetfeld der Permanentmagneten. Diese permanente Flussverkettung offenbart auch den inhärenten Nachteil permanenterregter Maschinen. Auch im passiven Betrieb induzieren die entsehenden Drehfelder eine drehzahlproportionale Spannung in den Statorwicklungen. Die abgeleitete Spannungsgleichung einer elektrischen Phase (im weiteren Verlauf mit den Bezeichnungen U, V und W gekennzeichnet) ergibt sich in Anlehnung an das vereinfachte Ersatzschaltbild wie folgt:

$$u_{Str,i}(t) = R_{Str,i} \cdot i_{Str,i}(t) + \frac{d}{dt}\left(L_{i,j}(t) \cdot i_{Str,i}(t)\right) - \omega_{el}\psi_{PM}(t) \qquad \text{Gl. 2.1}$$

Der Index *i* steht stellvertretend für die jeweilig betrachtete Phase. Die Induktivitäten weisen eine Winkel- und Lastabhängigkeit auf, wie sie sich insbesondere im Falle von veränderlicher magnetischer Sättigung im Eisenkreis äußert. Die Darstellung der Zusammenhänge in zeitabhängigen Stranggrößen ist für die weitere analytische Beschreibung und eine effiziente Regelbarkeit eher hinderlich; für die Bewertung maschineninterner Vorgänge (z.B. elektromagnetische Kopplung, Inhomogenität, lokale Fehlerbilder) aber durchaus hilfreich. Weil sie eine physische Modellbildung der einzelnen Phasen ermöglicht, wird diese Form hier genauso verwendet, wie die sonst übliche Darstellung der obigen Gleichung in d- q- Notation.

$$\begin{bmatrix} u_d \\ u_q \end{bmatrix} = \begin{bmatrix} R & -\omega_{el}L_q \\ \omega_{el}L_d & R \end{bmatrix} \cdot \begin{bmatrix} i_d \\ i_q \end{bmatrix} + \begin{bmatrix} L_d & L_{dq} \\ L_{qd} & L_q \end{bmatrix} \cdot \frac{d}{dt}\begin{bmatrix} i_d \\ i_q \end{bmatrix} - \begin{bmatrix} 0 \\ \omega_{el} \cdot \psi_{PM} \end{bmatrix} \qquad \text{Gl. 2.2}$$

Für viele Standardfragestellungen (z.B. Normalbetrieb) ermöglicht diese Darstellungsform einen geringeren Implementierungsaufwand (aufgrund Elimination der Zeit-/Winkelabhängigkeit von Strom- und Spannungswerten) und wird daher häufig verwendet. Für die Berechnung des inneren Drehmoments der Maschine kann auf die Gleichung Gl. 2.3 zurückgegriffen werden, wobei der zweite Summand auch den Fall eines eventuell nutzbaren Reluktanzmoments mit einschließt (nutzbar, wenn $L_d < L_q$).

$$M = \frac{3p}{2} \cdot \left(\psi_{PM} \cdot i_q + (L_d - L_q) \cdot i_d \cdot i_q\right) \qquad \text{Gl. 2.3}$$

Da es sich bei dem elektromechanischen Lenkungsaktuator um einen drehzahlvariablen Antrieb handelt, sind die häufig als konstant bezeichneten d-/q-Motorparameter und Strom- bzw. Spannungswerte in Wirklichkeit variable, vom Betriebspunkt (Drehzahl, Last, Temperatur, elektrischer Input) abhängige Größen. Den motorischen Arbeitsbereich der geregelten Synchronmaschine kann man dahingehend in zwei Teilbereiche untergliedern (Abbildung 2.4): den Grunddrehzahlbereich vom Stillstand bis zur Eckdrehzahl und den

Bereich der Feldschwächung ab Eckdrehzahl bis zu einer spezifischen Grenz-drehzahl. Die qualitativen Verläufe der wesentlichen elektrischen und mecha-nischen Größen sind ebenfalls skizziert.

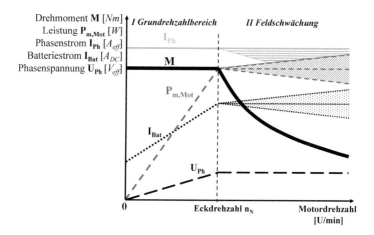

Abbildung 2.4: Grundcharakteristiken eines geregelten PMSM- Antriebes

Um die aus dem Gleichspannungs- Bordnetz des Fahrzeugs bereitgestellte elektrische Energie zielführend und effizient in eine mechanische Energie an der Motorwelle umzuwandeln, bedarf es der verlustarmen Ansteuerung des Elektromotors durch ein Steuergerät. Die Verbindung von Motor und Steuer-gerät wird im Folgenden als „Powerpack" bezeichnet. Dessen schematischer Aufbau ist in der Abbildung 2.5 gezeigt und umfasst eine Störfiltereinrichtung (EMV- Filter), den oder die Zwischenkreis(e) als Puffer- bzw. Energiespei-cher, die Sensorik- und Logikbausteine zur Steuerung und Überwachung aller Aktivitäten und die Endstufe zur Umwandlung von Gleich- in Wechselgrößen.

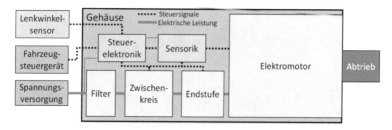

Abbildung 2.5: Aufbau eines Powerpacks für die Lenkungsanwendung

Da das Drehmoment des Motors insbesondere von der Stärke des Stator- und Rotordrehfeldes abhängt bzw. deren relativer (räumlicher) Lage zueinander, wird für einen präzisen und gleichzeitig dynamischen Betrieb häufig die feldorientierte Regelung zur Ansteuerung permanenterregter Synchronmaschinen eingesetzt. Wie in Abbildung 2.6 veranschaulicht werden in einem geschlossenen Regelkreis aus gemessenen Phasenströmen und Rotorlagewinkel Rückschlüsse auf die momentane Feldverteilung im Motor gezogen und mit Sollwertvorgaben, zum Beispiel aus einem überlagerten Lenkungsregler, verglichen. Die sich immer wieder einstellende Regeldifferenz wird im Motorregler, z.B. einem klassischen PI- Regler minimiert. Aus den resultierenden Stellgrößen, namentlich den Sollspannungswerten $u_{d,ref}$ und $u_{q,ref}$ können durch Raumzeigermodulation und Pulsweitenberechnung taktaktuelle Ansteuersignale für die Endstufe generiert werden. Dort werden durch hochfrequente Schaltvorgänge der üblicherweise verbauten MOSFETs die sinusförmigen Wechselgrößen erzeugt.

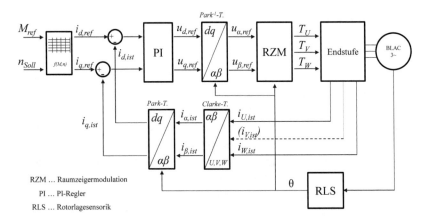

Abbildung 2.6: Feldorientierte Regelung sinuskommutierter Maschinen

2.3 Neue Herausforderungen und Grenzen des Technikstandes

Elektrisch unterstützte Lenksysteme (EPS) sind im Segment der Personen-kraftwagen (PKW) als Stand der Technik etabliert. In ihrem heutigen Entwicklungsstand entspricht diese sicherheitsrelevante Fahrzeugkomponente dabei sowohl den normativen Anforderungen als auch kundenindividuellen Vorstellungen hinsichtlich Funktion und Sicherheit. Der Abgleich mit aktuellen Marktanforderungen und Trends rückt nun das Thema Verlässlichkeit einer EPS in den Fokus.

Eine generell im Entwicklungsprozess vorhandene Forderung ist die nach einem Höchstmaß an (Funktions-) Komfort und Verlässlichkeit. Mit Blick auf applikationsübergreifende Rückrufstatistiken wird deutlich, dass einerseits Fehler in komplexen Systemen nie ausgeschlossen werden können und andererseits durch große Verkaufszahlen und Globalisierung ein immer größerer Aufwand zur nachträglichen Fehlerbehebung betrieben werden muss. Nicht zuletzt sind auch gravierende Auswirkungen auf Reputation und Geschäftsergebnisse zu erwarten, weswegen das Thema Verlässlichkeit ein grundsätzlicher Bestandteil jedes Entwicklungsprozesses ist.

Der aktuell wohl größte Trend ist im Bereich der Fahrassistenz bzw. den automatisierten Fahrfunktionen zu beobachten. Bereits heute findet man Assistenzsysteme und -funktionen wie Spurhalteassistenten, Kollisionsvermeidung und Einparkassistenten im Serieneinsatz. In einer zweiten Etappe wird an Funktionen des hochautomatisierten Fahrens (HAF), häufig auch als pilotiertes Fahren bezeichnet, gearbeitet. Dahinter verbergen sich Funktionen, wie das z.B. heute bereits in der Oberklasse eingeführte Staufolgefahren. Im Rahmen spezifizierter Geschwindigkeitsbereiche und unter Nutzung vieler Daten aus der Sensorfusion ist es damit möglich die Spurführung zeitweise vom Fahrer auf das Fahrzeug zu übertragen. Im dritten und letzten Schritt stehen Entwicklungen rund um das vollautomatisierte bzw. vollautonome Fahren im Vordergrund. Die Komplexität der Systeme und Abläufe steigt und neben den technischen Rahmenbedingungen sind insbesondere auch viele organisatorische und rechtliche Regelungen heute noch in der Klärung. Allen Etappen gemein ist aber die enorme Bedeutung des Lenkassistenzsystems (Servolenkung). Für die Realisierung automatisierter Fahrfunktionen wird sich der unterstützende Aktuator in seiner Funktion wandeln: Von einem assistierenden System hin zu einer vollständig steuernden Komponente. Im Fall eines führerlosen Fahrens stellt der Aktuator dann die gesamte Lenkkraft bereit.

Zeitgleich mit den neuen bzw. erweiterten Funktionalitäten einer EPS ergeben Marktanalysen, dass sich mit der Fahrzeugklasse der leichten Nutzfahrzeuge ein erweitertes Einsatzgebiet für EPS- Systeme erschließt (zunehmende Elektrifizierung). Diese Erweiterung ist gleichzusetzen mit einer Zunahme der für die EPS realisierbaren Achslasten auf bis zu 18kN Zahnstangenkraft. Unabhängig von den individuellen mechanischen Freiheitsgraden (z.b. Auslegung des Lenkgetriebes) liefern steigende Kräfte bzw. Leistungsanforderungen an den Lenkungsaktuator eine zusätzliche Begründung für ein Überdenken der bisherigen Sicherheitsziele.

Mit dem erweiterten Funktionsumfang und der zumindest teilweise alleinigen Steueraufgabe des elektrischen Lenkaktuators ergeben sich steigende Anforderungen an die Verlässlichkeit eines solchen Systems. Zusätzlich zu den bereits bekannten Sicherheitszielen, nämlich der Vermeidung der sog. „Selbstlenker" und „Blockierer", kommt damit auch die Vermeidung einer sofortigen Abschaltung (LOA) des Systems hinzu. Auch wenn in den ersten beiden Ausbaustufen des automatisierten Fahrens ein Fahrzeugführer und die mechanische Rückfallebene ein mechanisches Durchlenken der Räder ermöglichen, ist der LOA aus Komfortgründen, auch im Zusammenhang mit möglicherweise steigenden Achslasten, nicht länger erwünscht. In einem vollautonomen Betriebsmodus sind diese Rückfallebenen nicht mehr zwingend vorhanden. Die bisher als sicherheitskritisch eingestuften Zustände werden durch Software- und Hardwareplausibilisierungen (hauptsächlich zur Vermeidung des „Selbstlenkers") und den Einsatz von Phasentrennvorrichtungen (z.B. zusätzliche MOSFETs als Phasentrenner zur Verhinderung des „Blockierers") beherrscht bzw. vermieden. Der sofortigen Abschaltung des elektrischen Antriebs und dem Wegfall der Unterstützung nach einem beliebigen Fehler begegnet man heute einerseits mit den bereits erwähnten Notlauffunktionen (Limp- Modi), die z.B. einen zeitlich begrenzten zweiphasigen Notbetrieb des ursprünglich 3- phasigen Antriebs ermöglichen; dies aber z.T mit deutlich spürbaren Komforteinbußen. Wie in vielen anderen Anwendungen ist auch in der Grundstruktur des Servoantriebs im Wesentlichen eine 1- Kanaligkeit zu beobachten (mit Ausnahme einer teilweise bereits vorhandenen Sensorredundanz). Es gibt einen Motor, der mit einer ECU verbunden ist, aus einer Versorgung gespeist wird und damit ein mechanisches System antreibt. Solch ein einsträngiges System kann ohne Gegenmaßnahmen bereits nach dem ersten Fehler einer

Komponente oder eines Teilsystems versagen und damit möglicherweise seinen sicheren Zustand verlassen. Dies zeigt auch, dass die Analyse und Bewertung nur einzelner Komponenten, wie dem Motor oder der Versorgung nicht ausreichend ist. Die folgenden Ausführungen basieren daher auf einem Systemansatz, um bekannte und erforderliche Lösungsansätze zusammenzutragen, Wirkzusammenhänge zu beschreiben sowie Stärken und Schwächen des Verbundes von Motor, ECU und System gegenüberzustellen. Diesbezüglich betrachtete Aspekte sind beispielhaft in der Abbildung 2.7 zusammengestellt und werden an entsprechenden Entwicklungszielen gemessen.

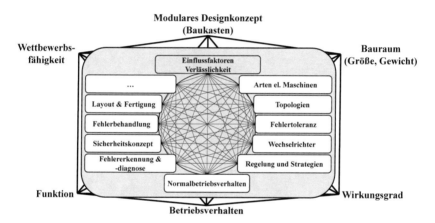

Abbildung 2.7: Verlässlichkeitsoptimierung und Entwicklungsziele

Aus den vorangegangenen Ausführungen sollen zwei Sachverhalte hervorgehen: Heutige Lenksysteme nach dem Stand der Technik sind sicher und erfüllen alle aktuell gültigen Standards. Für die zukünftigen Anwendungen und Funktionen wird der Stand der Technik nicht länger ausreichend sein. Ein technischer Fortschritt ist zwingend erforderlich.

3 Anforderungen an eine fehlertolerante EPS

Auch wenn der Schwerpunkt der vorliegenden Arbeit in der Konzeptionierung eines fehlertoleranten elektrischen Antriebs zur Lenkunterstützung besteht, spielt das System als Ganzes doch eine entscheidende Rolle bei der Klärung der Anforderungen an den Aktuator. Maßnahmen in nur einem Teilsystem (z.B. elektrischer Antrieb) verschieben möglicherweise Schwachstellen zu anderen Teilsystemen (z.B. Mechanik). Gleichzeitig kann eine isolierte Betrachtung bzw. vermeintliche Optimierung einer Komponente sich im Systemverbund durch fehlende Abstimmung negativ auf Sicherheit und Funktion des Gesamtsystems auswirken. Aus diesen Gründen sind Maßnahmen und Validierungen letztlich immer auf Systemebene zu bewerten.

3.1 Normative Anforderungen

Neben den richtungsweisenden Vorgaben des Kunden sowie den eigenen Entwicklungszielen und -prinzipien sind bei der Produktentwicklung auch normative Randbedingungen in Form von Verordnungen, allgemein anerkannten Standards und Gesetzen zu berücksichtigen. Im Zusammenhang mit Lenksystemen in Kraftfahrzeugen besteht die Forderung nach einem für den Fahrzeugführer beherrschbaren und vorhersehbaren Verhalten. Sie enthalten daher zum Teil neben allgemeinen Anforderungen auch Grenzwerte für zulässige Stellkräfte bei intakter oder defekter Lenkanlage.

Als maßgebliches Normenwerk im Bereich der Elektronik spielt in der automobilen Sicherheit die ISO26262 [3] eine besondere Rolle. Ihr Hauptaugenmerk liegt einerseits auf der Prozessbeschreibung bzw. Umsetzung und Überwachung der Konzeption sicherer Produkte. Andererseits ermöglicht die Definition und Ausgestaltung des „Automotive Safety and Integrity Level" (A-SIL) sowie dessen zugrundeliegenden FIT- Raten- Konzepts (FIT = Failure in Time) eine sicherheitsorientierte Bewertung technischer Produkte. Die maximal zulässige Ausfallrate einer fehlerbedingten Abschaltung der Lenkunterstützung in einem Lenksystem entsprechend dem Stand der Technik wird mit etwa 1200 FIT angegeben (=1200 Abschaltungen pro 10^9 Betriebsstunden).

© Springer Fachmedien Wiesbaden GmbH, ein Teil von Springer Nature 2019
N. Trümmel, *Verlässlichkeitssteigerung elektrischer Antriebe am Beispiel der elektromechanischen Servolenkung,*Wissenschaftliche Reihe Fahrzeugtechnik Universität Stuttgart, https://doi.org/10.1007/978-3-658-27806-9_3

Mit zunehmender Verbreitung und Weiterentwicklung von Fahrassistenz bzw. der Einführung teil- und vollautomatisierter Fahrzeugfunktionen ist mit einer deutlich verschärfteren Anforderung bezüglich der Ausfallwahrscheinlichkeit zu rechnen. Zum Stand dieser Arbeit wird mit einem Wert von ca. 700 FIT für Standardlenksysteme (ohne Verlässlichkeitssteigerung oder erweiterte Fahrassistenz) und ca. 100 FIT für ein Verlässsslichkeits-gesteigertes Lenksystem gerechnet. Auch letzteres ist dabei weiterhin beschränkt auf die Applikation einer erweiterten Fahrassistenz (Fahrer ist zwingender Teil des Regelkreises „Lenken"). Eine Anwendung auf teil- und vollautomatisierte Fahrfunktionen (ohne Fahrer im unmittelbaren Regelkreis) ist mit dieser Einstufung nicht abgedeckt und bedarf weiterer technischer Absicherungen, welche nicht primärer Gegenstand dieser Arbeit sind.

Ähnlich -vor allem qualitativ- sind die Vorschriften in der deutschen Zulassungsverordnung im Paragraf §38, Absatz 1 formuliert [4]:

> „Die Lenkeinrichtung muss leichtes und sicheres Lenken des Fahrzeugs gewährleisten; sie ist, wenn nötig, mit einer Lenkhilfe zu versehen. Bei Versagen der Lenkhilfe muss die Lenkbarkeit des Fahrzeugs erhalten bleiben.".

Quantitativ belastbare Informationen zu relevanten Eigenschaften wie der Lenkleistung sind in der europäischen Richtlinie 70/311/EWG bzw. auch bekannt als UN/ECE- Regulation R79 [5] zu finden. Diese bisher maßgebliche Richtlinie für Lenkanlagen spezifiziert u.a. zulässige Grenzwerte für ein maximales Lenkradbetätigungsmoment im fehlerfreien und fehlerbehafteten Betrieb, vergleiche Tabelle 3-1. Die Gültigkeit dieser Richtlinie beschränkt sich aber -gewollt oder historisch bedingt- auf rein mechanische Lenksysteme ohne assistierende Aktuatoren. Im Falle eines Fahrzeugs mit Servolenkung (z.B. EPS- System) gelten die spezifizierten Grenzwerte nur für ein Fahrzeug mit abgeschalteter Lenkassistenz. Eine Anwendung dieser Norm wäre demnach nur zulässig, wenn es um die Frage zulässiger Reib- und/oder Bremsmomente einer abgeschalteten oder fehlerhaften EPS geht. Zudem erfolgt die Bewertung nur anhand eines Manövers, das eine definierte Kurvenfahrt bei 10km/h vorsieht. Mit Blick auf die realen Einsatzbereiche der Lenkanlage, der dabei geforderten Kinematik/Dynamik sowie zukünftiger Sicherheitsziele werden diese normativen Angaben als nicht ausreichend für die Beschreibung einer Funktionalität im Fehlerfall angesehen. Wie im nachfolgenden Abschnitt erläutert werden wird, ist zukünftig in assistierten Lenksystemen mit einem de-

gradierten Betriebszustand zu rechnen, für den heutige Normen einge-
schränkte oder keine quantitativen Randbedingungen spezifizieren. Diese Be-
hauptung beruht auf der Annahme, dass ein degradierter Betriebsmodus des
Antriebs immer besser ist als ein Lenksystem ohne Unterstützung. Ein assis-
tiertes Lenksystem ohne Unterstützung bzw. nach Abschaltung im Fehlerfall
unterliegt wieder den Vorgaben der UN/ECE R79. Eine Präzisierung für den
degradierten Betrieb scheint daher erforderlich.

Tabelle 3.1: Zulässige Betätigungskraft von mechanischen Lenkanlagen
(ohne Unterstützungseinrichtung), PKWs = Klasse M1 [5]

Fahrzeug-kategorie	Intaktes Lenksystem			Fehlerhaftes Lenksystem		
	Maximale Lenkkraft *[daN]*	Zeit *[s]*	Wende-kreis *[m]*	Maximale Lenkkraft *[daN]*	Zeit *[s]*	Wende-kreis *[m]*
M1	15	4	12	30	4	20
M2	15	4	12	30	4	20
M3	20	4	12**	45*	6	20
N1	20	4	12	30	4	20
N2	25	4	12	40	4	20
N3	20	4	12**	45*	6	20

* 50daN für große Fahrzeuge mit zwei und mehr gelenkten Achsen
** bzw. minimaler Radius bei Lenken im Endanschlag, wenn 12m nicht erreicht werden

3.2 Technische Anforderungen

Die zumeist individuellen Kundenanforderungen umfassen neben einer bestimmten Architektur, Lebensdauer- und Umweltanforderungen sowie einem
generellen Funktionsumfang insbesondere auch die Performance- Eigenschaften der Lenkung auf Systemebene. Die Parameter Lenkwinkel, Lenkwinkelgeschwindigkeit, Lenkradmoment und Zahnstangensummenkraft dienen zusammen mit der Auswahl eines Lenkgetriebe- Typs (EPSapa, EPSdp, EPSc)
der Bestimmung erforderlicher Motorcharakteristiken (u.a. Drehzahl- Dreh-
momentkennlinie). Alle diese Leistungsvorgaben beziehen sich dabei übli-

cherweise auf einen normalen, fehlerfreien Betrieb des Lenksystems und bilden ein Geflecht von miteinander in Wechselwirkung stehenden Entwicklungszielen (vergleiche zuvor gezeigte Abbildung 2.7).

Bezüglich des Systemverhaltens im Fehlerfall galten bisher die beiden obers-
ten Sicherheitsziele (Vermeidung Selbstlenker und Blockierer) als maßgeblich. Mit dem zunehmenden Bewusstsein für die Verlässlichkeit von technischen Systemen (z.b. infolge medienwirksamer Rückrufaktionen) und insbesondere vor dem Hintergrund der anstehenden Herausforderungen mit erwei-
terter Fahrassistenz und automatisierten Fahrfunktionen, wird eine konkretere
Definition des Systemzustands nach Eintritt eines beliebigen, zu erwartenden
Fehlers notwendig. Wie zuvor erläutert, existieren derzeit nur wenige quantitativ belastbare und verbindliche Spezifikationen hinsichtlich der geforderten
Lenkunterstützung, der tolerierbaren Haptik oder zulässiger Akustik im Fehlerfall. Einzig bei der geforderten mittleren Unterstützung (Motormoment)
gibt es erste pauschale Abschätzungen, die zwischen 20 und 50% je nach Fahr-
zeughersteller variieren. Eigene Überlegungen und Versuche zur Verifikation
sowie deren Ergebnisse werden im nächsten Unterkapitel diese Lücke schlie-
ßen. Das einhergehende Prinzip und die relevanten Aspekte des degradierten
Betriebes, wie er nun nach Eintritt eines beliebigen, relevanten Fehlers gefordert ist, zeigt die nachstehende Abbildung 3.1.

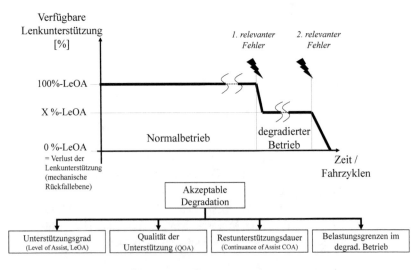

Abbildung 3.1:   Strategie und Aspekte eines degradierten Betriebes

Für die Beschreibung und Bewertung eines akzeptablen degradierten Betriebs werden nachfolgend die vier Aspekte des Unterstützungsgrades, der Unterstützungsqualität, der (Rest-) Unterstützungsdauer und der Belastungsgrenzen im degradierten Betrieb erläutert.

3.2.1   Unterstützungsgrad (Level of Assist, LeOA)

Um eine beabsichtigte und zugleich komfortable Spurführung zu ermöglichen, muss das Lenksystem als Ganzes die benötigte mechanische Leistung bereitstellen. Wie bereits erläutert geschieht dies bei heutigen elektrisch assistierten Lenksystemen durch eine Kombination manueller Leistung des Fahrers am Lenkrad und der Aktuatorleistung des elektrischen Antriebes. Die Beherrschbarkeit eines Fahrzeuges lässt sich dabei aus Lenkungssicht anhand verschiedener (mechanischer) Parameter und ihrem Zusammenwirken charakterisieren. Für den Fahrer sind in erster Linie die Ausprägung des Handmoments am Lenkrad und der aufzubringende Lenkwinkel maßgeblich. Beide Größen hängen ihrerseits mechanisch von der erforderlichen Zahnstangenkraft bzw. der EPS- Dimensionierung ab und werden selbst bestimmt durch die Fahrzeugklasse (Achslast), den Fahrwerksaufbau (Kinematik), die Fahrzeugbeschaffenheit (Beladung, Bereifung) und die jeweilige Lenk- bzw. Fahrsituation (u.a. Geschwindigkeit, Kurvenradius, Querbeschleunigung, Fahrereinfluss). Die große Zahl der weiteren Einflussfaktoren erschwert eine objektive und konsistente analytische Beschreibung des Lenkverhaltens. Häufig dienen daher Prüfstands- und Fahrversuche zur statistischen, teilobjektivierten Betrachtung und Validierung von funktionalen und sicherheitsrelevanten Aspekten. Ein akzeptables Maß für die benötigte Unterstützungsleistung im degradierten Betriebsmodus ist daher eng gebunden an die erforderliche Lenkleistung in Abhängigkeit von relevanten Fahrsituationen.

Mit Blick auf ein Zahnstangenlenksystem kann die erforderliche mechanische Eingangsleistung aus dem Produkt der Zahnstangensummenkraft und ihrer translatorischen Geschwindigkeit ermittelt werden.

$$P_{m,Rack} = F_{Rack} \cdot v_{Rack} \qquad \text{Gl. 3.1}$$

Für die erfolgreiche Ausführung eines beabsichtigten Lenkmanövers muss die Summe der verfügbaren bzw. bereitgestellten Lenkrad- und Aktuatorleistung mindestens gleich oder größer der situationsabhängigen mechanischen Eingangsleistung sein.

$$P_{m,SW} + P_{m,Mot} \geq P_{m,Rack}$$ Gl. 3.2

Abhängig von der Auswahl adäquater Getriebestufen und der Drehzahl- Drehmoment- Beziehung der verwendeten permanenterregten Synchronmaschine ergibt sich auf Lenksystemebene ein benötigter bzw. verfügbarer Lösungsraum ähnlich der gezeigten Abbildung 3.2.

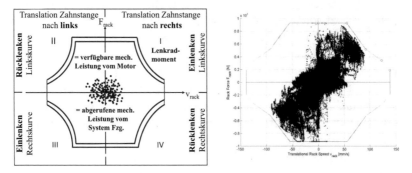

Abbildung 3.2:   Verfügbare und abgerufene Zahnstangenleistung; links: schematisch, rechts: Beispiel für einen Stadtfahrzyklus

Die einzelnen Quadranten repräsentieren dabei die unterschiedlichen Lenksituationen (Einlenken & Zurücklenken, nach links bzw. rechts). Bezieht sich diese Art der Darstellung auf physikalische Größen an der Zahnstange (F_{rack}, v_{rack}), so kann zusätzlich auch der Handanteil an der Zahnstangenleistung visualisiert werden (in der obenstehenden Abbildung exemplarisch als konstanter Offset skizziert). Fügt man nun die z.B. aus einer Messung gewonnenen Belastungen in spezifischen Fahrsituationen in dieses Diagramm ein, so gilt die Gl. 3.2 als erfüllt, solange sich alle gemessenen Punkte innerhalb des dimensionierten Lösungsraumes befinden. In der gezeigten Abbildung 3.2 ist dahingehend ein Vergleich von verfügbarer und abgerufener Aktuatorleistung für zwei verschiedene Fahrzyklen (Stadtfahrt und Landstraße) gezeigt. In beiden Fällen liegen die geforderten Leistungen (Messpunkte) innerhalb des Arbeitsbereiches des elektrischen Antriebs, weswegen dessen Leistungsfähigkeit ausreichend ist und das Lenkradmoment in spezifizierten Grenzen bleibt.

Der Fahrer spürt keine Einschränkung in Form eines zunehmenden Handmoments am Lenkrad.

Verringert sich die verfügbare Ausgangsleistung des Elektromotors, sei es durch beabsichtigte softwareseitige Komfortfunktionen oder infolge eines relevanten internen Fehlers im Antriebssystem (z.B. ein Transistorkurzschluss), dann verringert sich der verfügbare Lösungsraum. Um die Gleichung Gl. 3.2 auch weiterhin zu erfüllen, muss sich entweder die Achslast reduzieren (anderes Fahrverhalten) oder der Leistungsanteil am Lenkrad (Handmoment) in beherrschbarem Maße vergrößern. Die im Kapitel mit den normativen Anforderungen aufgeführten Grenzwerte (lt. [5]) für das maximale Lenkradmoment ohne Assistenz sind nicht auf ein degradiertes Lenksystem anwendbar. Erfahrungswerte belaufen sich hier auf ungefähr 20±5Nm zulässiges Lenkradmoment für eine sichere und beherrschbare, insgesamt aber auch komfortable Spurführung.

Eingangs wurde die Definition für eine zulässige Degradation mit der Beherrschbarkeit des Fahrzeuges nach einem relevanten Fehler in einer relevanten Situation angegeben. Nachdem für die Beherrschbarkeit mit dem Handmoment ein Kriterium genannt worden ist, ist nun auch die Auseinandersetzung mit relevanten Fahrsituationen erforderlich. Diese haben insbesondere einen signifikanten Einfluss auf wirksame Achs- bzw. Zahnstangenbeanspruchungen. In Abhängigkeit von der Auslegung und Einstellung des Fahrwerks ist häufig eine Proportionalität von Spurstangensummenkraft, Lenkwinkelbedarf und Fahrzeuggeschwindigkeit gegeben, wie die Abbildung 3.3 beispielhaft veranschaulicht.

Parkmanöver, die durch größere Lenkwinkel und geringe Geschwindigkeiten gekennzeichnet sind, führen häufig zum Auftreten maximaler Zahnstangenkräfte. Der entsprechend dimensionierte EPS- Antrieb erfüllt hierbei seine wesentliche Komfortfunktion, indem er mit maximalem Drehmoment den Fahrer unterstützt. Eine signifikante Degradation des elektrischen Lenkantriebes reduziert hier spürbar den Lenkkomfort, führt aber aufgrund der geringen Fahrzeuggeschwindigkeit nicht zu einer sicherheitskritischen Situation. Im Gegensatz dazu sind bei Fahrsituationen mit größeren Geschwindigkeiten eine Verringerung des genutzten Lenkwinkelbereichs und eine zum Teil deutliche Abnahme der Zahnstangenkraft zu beobachten. Ein Verlust von Unterstützungsmoment hat im größeren Geschwindigkeitsbereich unter diesen Umständen kaum oder nur geringe negative Auswirkungen. Frühere interne Studien und

Analysen kommen letztlich zu dem Schluss, dass für die Definition einer zulässigen Degradation ein Geschwindigkeitsbereich von etwa 20 bis 80km/h als relevant eingestuft wird.

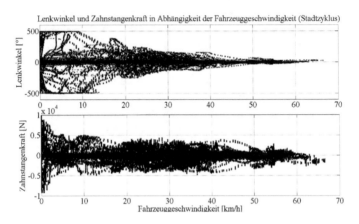

Abbildung 3.3: Lenkwinkel und Kraft als Funktion der Geschwindigkeit

Unter der Berücksichtigung der zuvor erläuterten Kriterien der subjektiven Beherrschbarkeit, dem maximal zulässigen Handmoment und dem identifizierten Geschwindigkeitsbereich resultiert aus einer Vielzahl analysierter Messungen und durchgeführter Fahrversuche eine Abschätzung von ca. 30% als erforderlichem Unterstützungsgrad über alle untersuchten Fahrzeuge hinweg. Dieser Wert führte in den meisten Fällen zu einer spürbaren aber beherrschbaren Veränderung im Handmoment.

Um diesen Wert zu bestätigen und den Fahrer als weitere wichtige Einflussgröße einzubeziehen, liefert eine Probandenstudie die notwendigen Erkenntnisse. Aus den vorangegangenen Fahrversuchen konnten drei charakteristische Fahrzeuge mit unterschiedlichen Lenkungstypen (EPSapa, EPSdp) und Lenkachslasten (9,9 kN bis 15 kN) ermittelt und mit entsprechender Messtechnik versehen werden. Insgesamt 21 Probanden haben mit jedem der drei Fahrzeuge zwei unterschiedliche Manöver jeweils zweimal absolviert (21x3x2x2 = 252 Einzelversuche). Bei der Zusammenstellung der 21 Versuchspersonen ist besonders auf die Heterogenität der Probanden hinsichtlich ihrer Fahrerfahrung und des persönlichen Fahrstils geachtet worden. Aus den im Vorfeld durchgeführten Untersuchungen konnten zwei Manöver als besonders geeignet für die vorliegende Fragestellung identifiziert werden (vergleiche Abbildung 3.4): der genormte ISO- Spurwechsel (nach ISO 3888-2) und ein praxisnahes Manöver ähnlich einem Kreisverkehr, bestehend aus der Einfahrt in einen halbkreisförmigen Bogen und die anschließende Ausfahrt. Das Kreisverkehrmanöver wird mit einer Geschwindigkeit von 30km/h durchfahren und simuliert ein Szenario mit Belastungen, wie sie z.B. im alltäglichen Stadtverkehr auftreten können. Im Gegensatz dazu wurde der ISO- Spurwechsel ausgewählt um sicherheitsrelevante Situationen, gekennzeichnet durch größere Fahrzeug- und Lenkgeschwindigkeiten, zu untersuchen. Hierbei handelt es sich um einen genormten, doppelten Spurwechsel mit hochdynamischem Charakter (Ausweichen). Während der ISO- Spurwechsel idealerweise mit der fahrdynamisch maximal möglichen Fahrzeuggeschwindigkeit durchgeführt wird (Grenzbereich), wurde die Fahrzeuggeschwindigkeit bei den Versuchen hier zwecks der Vergleichbarkeit auf einen festen Wert für alle Fahrzeuge beschränkt (50 bzw. 60 km/h). Alle Fahrzeuge sind mit einer Serienlenkung ausgestattet und mit der jeweils maximal zulässigen Vorderachslast präpariert worden.

Bei dem ersten Durchgang steht dem Fahrer das volle Unterstützungsmoment des elektrischen Lenkungsaktuators zur Verfügung. Daher ist in der Regel keine spürbare Einschränkung vorhanden und gemessene Lenkmomente liegen innerhalb ihrer spezifizierten Grenzen (im vorliegenden Fall etwa 3 - 6 Nm). Vor dem zweiten Durchgang wird das Motormoment des EPS- Antriebs künstlich in der Software begrenzt auf den zu verifizierenden Wert von 30 % (des ursprünglichen Nominalmoments).

In die Bewertung der Studienergebnisse gingen drei Faktoren ein:

■ Das Manöver wurde erfolgreich absolviert, d.h. vorgegebene Geschwindigkeiten wurden innerhalb eines Toleranzbandes eingehalten und die Spurbegrenzungen nicht verletzt.

■ Darüber hinaus zählte der subjektive Eindruck jedes Probanden bezüglich der Beherrschbarkeit im Allgemeinen und dem Lenkgefühl bei Degradation im Speziellen.

■ In der nachgelagerten Auswertung der Messdaten wurde schließlich das maximal aufgetretene Handmoment mit dem zuvor festgelegten Grenzwert verglichen und letztlich die Schlussfolgerung bezüglich der zulässigen Degradation gezogen.

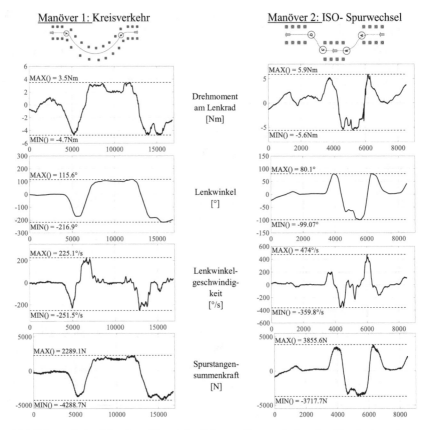

Abbildung 3.4:   Manöverübersicht, Messstellen und charakt. Ergebnisse der Studie für eine Konfiguration

Wie ein prinzipielles Messergebnis für einen Durchgang aussieht und welche Daten aus den Versuchen extrahiert worden sind, veranschaulicht die Abbildung 3.4. Es werden jeweils die Maximalwerte an den zwei bzw. vier Messstellen der Manöver untersucht. Diese Werte, gesammelt für jeden Durchgang, jedes Fahrzeug und jeden Probanden ermöglichen schließlich eine Gegenüberstellung, z.B. in Form von Boxplots. Die Zusammenfassung der so gewonnenen Ergebnisse ist in der Abbildung 3.5 für das Manöver 1 und in Abbildung 3.6 für das Manöver 2 zusammengestellt.

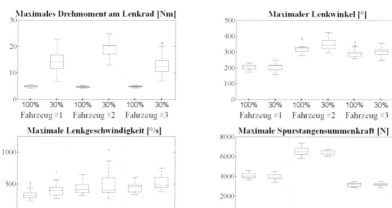

Abbildung 3.5: Kumulierte Lenkcharakteristiken in Abhängigkeit von Fahrzeug und Unterstützungsgrad (Kreisverkehr)

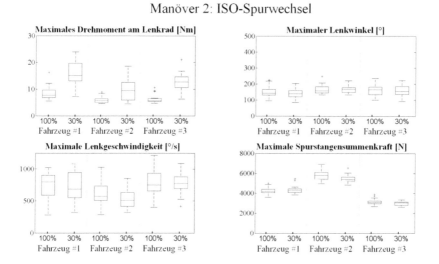

Abbildung 3.6: Kumulierte Lenkcharakteristiken in Abhängigkeit von Fahrzeug und Unterstützungsgrad (ISO- Spurwechsel)

Die Diagramme zeigen vier charakteristische Lenkungsparameter (Handmoment, Lenkwinkel, Lenkwinkelgeschwindigkeit und Spurstangensummenkraft). Für jeden Einzelversuch (ein Proband fährt mit einem Auto ein Manöver einmal bei definiertem Unterstützungsgrad durch) werden die maximal aufgetretenen Parameterwerte an den Messstellen extrahiert. Über alle Probanden ergibt sich damit für diese eine Konfiguration aus Manöver, Fahrzeug und Unterstützungsgrad eine der gezeigten Boxen pro Parameter. Die Variation einzelner Konfigurationen (z.b. gleiches Manöver, gleicher Unterstützungsgrad und anderes Fahrzeug) liefert über alle 21 Probanden eine zweite Box. Auf diese Weise enthalten die Diagramme eine Zusammenfassung aller durchgeführten Versuche bzw. Konfigurationen.

Mit Blick auf das maximale Lenkmoment im Manöver (Plot oben links) ist ein in allen Fällen deutlicher Anstieg desselben bei Leistungsreduktion des Aktuators auf 30 % zu erkennen. Der zuvor festgelegte Grenzbereich von (20 ± 5) Nm wird dabei von keinem der Probanden und in keiner untersuchten Konstellation überschritten. Die zunehmende Streubreite der gemessenen maximalen Lenkmomente deutet den nicht unbedeutenden Fahrereinfluss und dessen Lenkverhalten auf das Belastungsprofil für den EPS- Antrieb und dessen Auslegung an. Die Auswertung und Visualisierung der anderen aufgetragenen Lenkungsparameter zeigt in vielen Fällen keine signifikante Veränderung zwischen dem normalen und degradierten Betrieb. Das deutet auf ein nahezu unverändertes Fahr- und Lenkverhalten der Probanden trotz Degradation hin und kann neben der subjektiven Einschätzung ein weiteres Indiz für die auch subjektiv einstimmig festgestellte Beherrschbarkeit sein.

Die Ergebnisse stützen die bisherige Abschätzung von 30 % als mindestens erforderlichem Unterstützungsgrad über alle untersuchten Fahrzeuge. Die Vielzahl der Einflussparameter, die in dieser verhältnismäßig kleinen Studie und den selektiv vorher durchgeführten Fahrversuchen nicht allumfassend berücksichtigt werden können, führen letztlich auf eine Annahme von ca. 35 % LeOA für eine zu konzipierende Antriebsarchitektur mit gesteigerter Verlässlichkeit. Diese Annahme stellt keinen allgemeinen Geltungsanspruch an zukünftige Lenksysteme dar und muss parallel zur Entwicklung der Technologien immer wieder verifiziert werden. Im Hinblick auf heutige und zukünftige, automatisierte Lenkassistenzfunktionen ist zwar zu bedenken, dass der hier betrachtete und additiv wirkende manuelle Leistungsanteil des Fahrzeugführers verschwindet. Allerdings kann in diesem Zusammenhang auf ein sich wahrscheinlich veränderndes Fahr- und Lenkverhalten verwiesen werden.

Durch entsprechende Sensor- bzw. Umfeldüberwachung in Verbindung mit leistungsfähigen Steuergeräten sollte sich die Belastungsanforderung für das Lenksystem und den elektrischen Aktuator durch eine vorausschauende Trajektorienplanung tendenziell eher verringern. (Annahme: der Computer wird nicht schlechter fahren als der beste Versuchsfahrer). Erste Abschätzungen für heutige Assistenzsysteme (z.B. pilotiertes Fahren auf der Autobahn) gehen daher ebenfalls von ca. 35 % maximal erforderlicher Restunterstützung im Fehlerfall aus.

3.2.2 Qualität der degradierten Unterstützung

Wenn ein Fortbetrieb des Fahrzeugs bzw. des Lenksystems auch nach einem ersten relevanten Fehler sichergestellt werden muss und entsprechend dem Stand der Technik ein Fahrzeugführer in das System eingreift, ist eine hinreichende Qualität (Akustik & Haptik) der degradierten Unterstützung gefordert. Während der Normalbetrieb heute umfassend spezifiziert ist, sind für einen beabsichtigten degradierten Betrieb bisher kaum konkrete Anforderungen bekannt. Im Vergleich zum normalen Betrieb geht man bisher davon aus, dass eine akzeptable Verschlechterung hinsichtlich Drehmomentwelligkeit, Geräusch- und Vibrationsverhalten zulässig ist; nicht zuletzt vielleicht auch als zusätzlicher Indikator für einen vorhandenen Defekt im Lenksystem. Gleichzeitig muss aber auch im degradierten Betrieb sichergestellt sein, dass eine u.U. (temporär) veränderte Haptik in keiner Weise zu sicherheitsrelevanten Einschränkungen führt.

Die Quantifizierung einer akzeptablen Akustik im Fehlerfall ist im Vorfeld bzw. zu Beginn einer Neukonzeptionierung schwierig zu realisieren. Zum einen ist die Akustik zwar objektiv beschreibbar, hat aber immer auch eine subjektive Komponente. Nicht jeder Mensch nimmt Geräusche gleich wahr. Entscheidend für die Bewertung einer zulässigen Verschlechterung wird zunächst die Akustik im Fahrzeug sein. Ein Ansatz zur Abschätzung, der hier aber nicht weiterverfolgt wird, könnte auf die heutige teilobjektivierte Bewertung von zulässigen und unzulässigen Geräuschprofilen aufsetzen. Die Identifikation der Pegeldifferenz zwischen einem „Gut-" und einem „Schlecht- Signal" in Verbindung mit der subjektiven Einschätzung der Störwirkung könnte helfen, Grenzen für eine verschlechterte Akustik zu bestimmen. Allerdings kommen hier individuelle Charakteristiken des Fahrzeugs und der Fahrsituation hinzu, die eine Übertragbarkeit und generelle Aussage erschweren. Da die Akustik im Innenraum sehr stark an das Betriebs- bzw. Vibrationsverhalten der Quelle und des Ausbreitungspfades gekoppelt ist, korreliert sie mit anderen Kenngrößen wie der Drehmomentwelligkeit und Kraftanregung des Elektromotors. Eine Limitierung dieser Größen und Unregelmäßigkeiten wirkt sich in der Regel auch positiv auf die Gesamtakustik aus.

Amplitude und Frequenz der übertragenen bzw. wahrgenommenen Schwingungen hängen dabei zum einen vom Übertragungspfad ab, korrelieren andererseits aber auch mit der Lenkgeschwindigkeit und Last. Vor diesem Hintergrund scheint die Vorgabe einer konstanten Welligkeitsgrenze für den Antrieb genauso wenig zielführend wie die generelle Übertragbarkeit auf alle Fahrzeugarchitekturen mit ihrem individuellen Dämpfungs- und Übertragungsverhalten. Aus einer Variation unterschiedlicher Welligkeitsamplituden am Lenkrad und deren Umrechnung auf Motorebene (mittels realer Übersetzungen; aber ohne zusätzliche Dämpfung) ergibt sich beispielhaft folgende Abbildung 3.7.

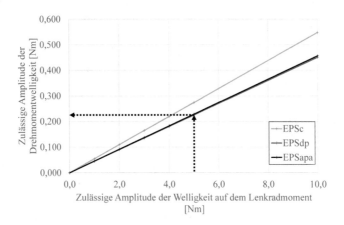

Abbildung 3.7: Umrechnung von Lenk- auf Motormoment

Unter Annahme sehr kleiner Drehfrequenzen folgt für eine bestimmte Lenkmomentwelligkeit eine maximal zulässige Drehmomentwelligkeit bzw. umgekehrt: eine bestimmte Motormomentwelligkeit führt vereinfacht auf eine bestimmte Welligkeit im Handmoment. Auch ohne hier eine Pauschalisierung oder Festlegung von Grenzwerten vorzunehmen, ist ersichtlich, dass zulässige

Drehmomentwelligkeiten in keinem erheblichen Maße ansteigen dürfen. Verantwortlich dafür ist der häufig verhältnismäßig große Leistungsanteil, den der EPS- Antrieb am Gesamtsystem bereitstellt. Für den im Rahmen dieser Arbeit häufig betrachteten Motor mit ca. 4 Nm Nominalmoment liefert die grafische Abschätzung eine vermeintlich zulässige, niederfrequente Welligkeit von ca. 0,2 Nm (~5 % des Nominalmoments), um bei sehr geringen Lenkgeschwindigkeiten eine Momentwelligkeit von ± 5 Nm am Lenkrad nicht zu überschreiten. (ein Absolutwert von 5 Nm entspricht in etwa der nominalen Auslegung von Lenksystemen). Zum jetzigen Zeitpunkt stehen noch keine Vorgaben zur Verfügung und müssen zukünftig auf Basis der hier erläuterten Ansätze oder Betrachtungen aus der Literatur (z.B. [40] - [43]) erarbeitet und präzisiert werden.

3.2.3 Restbetriebsdauer und Belastungsgrenzen

Die Spezifikation einer verbleibenden Betriebsdauer nach Eintreten eines beliebigen relevanten Fehlerfalls hängt sehr stark von individuellen Kundenforderungen und der Absicherung bereits spezifizierter Belastungs- bzw. Einsatzgrenzen (z.B. maximale Temperatur) ab. Momentane Erwartungen gehen in die Richtung des eingangs erwähnten „Limp home"- Betriebsmodus und sehen die Fortführung der (Rest-) Unterstützung für mindestens einen Zündzyklus vor. Da diese Abschätzung formal die Fahrt an den Straßenrand, die Fahrt zur nächsten Werkstatt oder die Fahrt zurück aus dem Urlaub umfassen kann, ist bei der Analyse dieser Anforderung aus technischer Sicht eine Unterteilung des degradierten Betriebs in eine Kurzzeit- und eine Langzeitphase u.U. zweckmäßiger. Auf der einen Seite soll das fehlertolerante System so ausgelegt sein, dass ein Risiko von kritischem Schädigungsfortschritt und Folgefehlern (Common- Cause) unmittelbar nach Eintreten eines ersten relevanten Fehlers minimal ist (Kurzzeitverhalten). Sind entsprechende Aspekte (z.B. Sicherheitsreserven, Überstrombegrenzung etc.) in der Auslegung berücksichtigt, ist es dann zunächst nicht entscheidend, ob der Zündzyklus beispielsweise 10 Sekunden oder 400 km Autobahnfahrt umfasst. An dieser Stelle sind die Kundenanforderungen hinsichtlich des Langzeitverhaltens zu untersuchen bzw. ggf. zu präzisieren. Durch unter Umständen veränderte Betriebsbedingungen kann ein beschleunigter Verschleiß von Materialien und Komponenten resultieren, die auf längere Sicht ebenfalls zu Folgefehlern und Versagen führen könnten.

Eine adäquate Auslegung eines fehlertolerierenden, elektrischen Antriebes berücksichtigt nicht mehr nur den Betrieb unter Normalbedingungen (z.B. Funktionalität oder Effizienz) und entsprechende Zielindikatoren (wie Bauraum oder Wettbewerbsfähigkeit) sondern auch das Verhalten bei Missbrauch und Störungen. Die Auseinandersetzung und Überprüfung von Fehlerzuständen, Fehlerströmen und unsymmetrischen elektrischen, mechanischen sowie thermischen Lasten ist essentiell. Unter der Voraussetzung, dass sich Zielindikatoren nicht wesentlich verschlechtern dürfen, ist eine Überdimensionierung des Systems häufig kein zielführender Ansatz. Dies widerrum bedeutet für den Antrieb, dass Betriebsbedingungen im fehlerhaften Modus (Ströme, Spannungen etc.) die nominalen Designvorgaben nicht überschreiten dürfen. Ein Kurzschlussstrom darf beispielsweise nicht größer als der spezifizierte und im Normalbetrieb auftretende maximale Strom sein, um das Wicklungssystem des Motors und die Leistungshalbleiter im Wechselrichter nicht zu überlasten. Auch das Risiko einer möglichen Entmagnetisierung infolge kritischer Feldstärken und/oder Übertemperatur sind genauso zu beachten wie die insgesamt vom Powerpack verursachte Belastung des versorgenden Bordnetzes (maximale Stromstärke und Störanteile). Für die effiziente Auslegung und das „richtige Maß" an Sicherheit bieten sich eine Verifikation des Fehlerverhaltens und entsprechender Maßnahmen bereits in einem frühen Stadium der Entwicklung an. Simulationen können an dieser Stelle helfen Schwachstellen im Systementwurf zu erkennen und verhältnismäßig günstig zu beheben, wie in nachfolgenden Kapiteln vorgestellt werden wird.

Zusätzlich zu den vorgestellten neuen Anforderungen und Aspekten des degradierten Betriebes zur Vermeidung des plötzlichen Unterstützungsverlustes nach Fehler ist es an dieser Stelle zweckmäßig auch auf die Gültigkeit der bisherigen Anforderungen zu verweisen. Auch diese sind in die Konzeption zu integrieren und hinsichtlich einer möglichen Erweiterung zu prüfen. Im Zuge einer wachsenden Bedeutung der Elektromobilität sind beispielsweise Veränderungen in den Bereichen Achslasten, Effizienz und Akustik zu erwarten. Andere Restriktionen wie die Bauraumforderungen oder Temperaturbelastung könnten sich bei Wegfall von Verbrennungsmotoren und großen Getrieben dagegen lockern. Die Einbeziehung und Kombination von vorhandenen, veränderten und neuen Anforderungen in die Konzeptionierung einer fehlertoleranten Architektur führt zurück auf den propagierten Systemansatz. Nach Klärung wichtiger Anforderungen und Entwicklungsziele wird sich im Folgenden mit verfügbaren technischen Lösungsansätzen auseinandergesetzt.

4 Konzeption des fehlertoleranten E- Antriebs

4.1 Grundlagen Fehlertoleranz

Der Grad an erforderlicher bzw. gewünschter Fehlertoleranz sollte sehr genau im Vorfeld einer Neukonzeption analysiert werden. Es lassen sich dazu sechs Stufen der Fehlertoleranz formulieren, wobei jede mit steigendem Aufwand und zunehmender Komplexität für das System verbunden ist. (Abbildung 4.1)

Abbildung 4.1: Sechs Stufen der Fehlertoleranz, nach [6]

Zu den allgemeinen Entwicklungszielen gehört neben der Funktion und der Wirtschaftlichkeit eines Produktes auch seine Verlässlichkeit. Der Begriff Verlässlichkeit umfasst dabei sowohl die Sicherheit im Sinne einer Abwesenheit von Gefahr (*Safety*), die Sicherheit im Sinne von Vertraulichkeit und Integrität beispielsweise von Daten (*Security*), die Zuverlässigkeit im Sinne einer Funktionskontinuität und die Verfügbarkeit im Sinne einer Bereitschaft zum Gebrauch. Eine absolute Verlässlichkeit ist in technischen Systemen nicht möglich. [6], [8] Für die Abschätzung einer Gefahr bedient man sich häufig der Definition eines „akzeptablen" Risikos. Grundvoraussetzung für die Vermeidung einer Gefahr durch ein technisches System ist der Betrieb von diesem in einem sicheren Zustand. Dieser Zustand wird in der ISO 26262 [3] als ein Zustand definiert, in dem das Risiko, das vom System ausgeht, kleiner ist als ein [zu spezifizierendes; Anm. d. Verfassers] zulässiges Risiko und ein Ausfall keine Gefahr verursacht [7]. Bezogen auf ein Kraftfahrzeug existieren zwei

© Springer Fachmedien Wiesbaden GmbH, ein Teil von Springer Nature 2019
N. Trümmel, *Verlässlichkeitssteigerung elektrischer Antriebe am Beispiel der elektromechanischen Servolenkung,* Wissenschaftliche Reihe Fahrzeugtechnik Universität Stuttgart, https://doi.org/10.1007/978-3-658-27806-9_4

sichere Zustände: der Regelbetrieb eines Kfz oder dessen Haltezustand (Abschaltzustand).

Droht dem System der Verlust des sicheren Zustandes, sind Maßnahmen zur Fehlerbehebung erforderlich. Diese umfassen neben der Fehlererkennung und -meldung die Fehlereingrenzung und -diagnose sowie die Fehlerbehandlung und letztlich -behebung. Das Überwachungsverhalten kann dabei reagierend (auf Anomalien wartend) oder agierend (aktiv nach Fehlern suchend) sein. Je nach System, dessen Aufbau, Funktion und Zustand sowie der aktuellen Betriebssituation können im Rahmen der Fehlerbehebung verschiedene Sicherheitsprinzipien angewendet werden. Diese stellen in genannter Reihenfolge steigende Anforderungen an das System, ihre Realisierung nimmt an Komplexität zu, ihre Anwendung ermöglicht im Störfall aber auch steigende Funktionalitäten. Angefangen von der Konzeptionierung eines hochverfügbaren Systems für nicht-sicherheitsrelevante Applikationen, über Fail- Freeze-/Fail-Stop- (sofortige Fixierung/ Abschaltung), Fail- Silent- (System bleibt online, Ausgaben werden unterdrückt), Fail- Safe (Überführung in einen sicheren Zustand), Fail- Passive- (System aus zwei Fail- Safe-Systemen, Ausgabenvergleich und Passivschaltung bei Anomalieerkennung) bis hin zu Fail- Operational- Konzepten (für Systeme ohne einen sicheren, stabilen Zustand bzw. mit eingeschränkter Reparierbarkeit). [6], [7]

4.2 Allgemeine technische Lösungsansätze

Aus technischer Sicht bestimmen verschiedene Faktoren die Art und den Umfang erforderlicher Maßnahmen. Dazu zählen beispielsweise:

- ■ der Einsatzbereich eines Produktes,

- ■ die Ausprägung dessen sicheren Zustandes,

- ■ die Fehlereintrittswahrscheinlichkeit und das Gefährdungspotential in Verbindung mit Art und Ausprägung möglicher Fehler,

- ■ die Effizienz und Wettbewerbsfähigkeit von technischen Systemen.

In Analogie zu dem in Abschnitt 4.1 vorgestellten mehrstufigen Konzept der Fehlertoleranz lassen sich auch verschiedene Lösungsansätze mit unterschiedlichem Aufwand und Komplexität für das technische System realisieren. Bereits durch (stetige) Prozessoptimierungen lassen sich positive Einflüsse generieren. Die Pflege des Anforderungs- und Spezifikationsmanagements, zielführende Schwachstellenanalysen sowie kontrollierte Konzeption, Entwicklung und Fertigung sind gemeinhin als elementarste Grundlage jeder Entwicklung zu verstehen. Auch das Nutzungsverhalten bestimmt maßgeblich über die Funktion und Lebensdauer eines Produktes. Hier kann durch gezielte und eindeutige Nutzerunterweisungen über Einsatzbereiche und -grenzen eines technischen Produktes aufgeklärt werden.

Allgemeine Maßnahmen, unabhängig von Applikation oder Branche, umfassen die Verwendung von höherwertigen Komponenten. Der Begriff höherwertig bezieht sich dabei z.B. auf die Verwendung besserer Materialien oder Nutzung ausgereifterer technischer Mechanismen (Verwendung von Kugellagern statt losen Gleitlagerverbindungen). Die Funktion, Qualität, Lebensdauer bzw. Verlässlichkeit von Komponenten lassen sich so unter Umständen durch Senkung der Ausfallrate bzw. Ausfallwahrscheinlichkeit verbessern.

Ein weiteres gängiges Prinzip ist das der Überdimensionierung von Komponenten und Systemen. Die Implementierung von Erfahrungs-, Wissens- oder Experiment-basierten Sicherheitsfaktoren zur Tolerierung unbekannter Last- und/oder Störfälle stellt u.U. eine begrenzte Sicherheitsreserve dar. Ein solches Prinzip im Zusammenhang mit elektrischen Antrieben wird beispielsweise seit vielen Jahren im Bereich von Flugzeugaktuatoren eingesetzt, da es für ein Flugzeug im normalen Flugbetrieb keinen unmittelbar sicheren Zustand gibt. Somit wäre eine zumindest zeitlich begrenzte „Überlastung" zur sicheren Erfüllung sicherheitsrelevanter Funktionen durchaus möglich. Wesentliche Nachteile einer Überdimensionierung stellen beispielsweise die u. U. geringere Wirtschaftlichkeit, der größere erforderliche Bauraum und eine unter Umständen geringere Effizienz (im Normalbetrieb) dar.

Mit zusätzlichen Optimierungen am Design können Möglichkeiten, Wirkungen und Folgen von Fehlern auf das (verbleibende) System unterbunden bzw. soweit abgeschwächt werden, dass keine Gefährdung mehr von dem störungsbehafteten System ausgeht. Im Zusammenhang mit E- Antrieben bieten sich hier Maßnahmen zur physischen, elektrischen und magnetischen Entkopplung

einzelner Motorphasen an. Weiterhin wird in der Literatur häufig die Gewährleistung einer sogenannten One- per- Unit- Induktivität eingefordert (Verweis
z.B. auf [38], [39]), welche eine inhärente Begrenzung von Kurzschlussströ-
men idealerweise auf Werte kleiner gleich dem Nennstrom der Maschine si-
cherstellt. Ziel dabei ist es durch eine geeignete Ausgestaltung der Nut- und
Polgeometrien eine zweckmäßige Verteilung zwischen Streu- und Gesamt-
fluss in der Maschine zu erzielen. Je größer der Streufluss, desto weniger
Spannung wird der magnetische Fluss der Permanentmagneten in den Wicklungen induzieren; es fließt demzufolge weniger Fehlerstrom.

Die genannten Maßnahmen umfassen Hardwaremodifikationen, die u.U. eine
Neukonzeption nach sich ziehen. Im Gegensatz dazu können auch bestehende
Systeme unter Umständen in ihrer Verlässlichkeit verbessert werden, indem
fehlertolerante Betriebsstrategien vorgesehen werden. Auch ein zweiphasiger
Elektromotor kann beispielsweise in vielen Winkellagen des Rotors noch ein
Drehmoment erzeugen, wenn durch externe Überlagerung (wie im Fall der
Lenkung) eine Überwindung der Nulllagen erfolgt. Eine Abschaltung nach der
Unterbrechung einer elektrischen Phase ist daher nicht immer zwingend erfor-
derlich und durch Maßnahmen in der Ansteuerung lässt sich ein mittleres
Drehmoment bei gleichzeitig akzeptabler Drehmomentwelligkeit bereitstel-
len. Für die Umsetzung solcher Methoden (z.B. als feldorientierte Steuerung)
bedarf es einer möglicherweise umfangreicheren Systemüberwachung, der
Fehlerdetektion und -diagnose sowie entsprechenden Möglichkeiten der
Fehlerbehandlung (z.B. separate Abschaltvorrichtungen je Motorphase).

Reichen die bisher vorgestellten Maßnahmen nicht aus um das geforderte Maß
an Verlässlichkeit sicherzustellen, können Redundanzen vorgesehen werden.
Das Prinzip der Redundanz sieht mehr Subsysteme mit gleicher Aufgabe vor
als für die Erfüllung einer Funktion notwendig sind. Diese Subsysteme können
entweder zeitgleich arbeiten („Heiße Redundanz") oder als Reserve im Fehlerfall bereitstehen („Kalte Redundanz"). Damit kann Redundanz alleine zwar
die Verfügbarkeit und die Zuverlässigkeit vergrößern, nicht jedoch die Sicherheit. [7] Deren Implementierung sollte immer auf Systemlevel umgesetzt, zumindest aber auf übergreifender Ebene analysiert und bewertet werden. Das
Duplizieren einzelner Komponenten verlagert die Schwachstellen des Systems
häufig nur hin zu anderen Subkomponenten und führt so außer zu einer steigenden Komplexität des Systems verbunden mit einer größeren Ausfallwahrscheinlichkeit auch zu keiner Verbesserung der Verlässlichkeit.

4.3 Lösungsansatz für den elektrischen Antrieb

Aus sicherheitskritischen Applikationen wie der Luftfahrt, wo Fehlertoleranz seit Jahrzehnten eine große Rolle spielt, sind vielfach Lösungen bzw. Lösungsansätze für elektrische Aktuatoren und Antriebe bekannt. Viele Publikationen behandeln einzelne Aspekte technischer Implementierungen. So werden in [9] - [11] Vergleiche und Analysen zu allgemeinen Antriebstopologien vorgestellt. Detailliertere Betrachtungen zu Motortopologien und ihrem Verhalten im fehlerfreien Betrieb oder nach definiertem Erstfehler sind z.B. in [12] - [16] zu finden. Applikations-spezifische Ausprägungen in der Luftfahrt sind exemplarisch in [17] oder [18] im Zusammenhang mit dem „More Electric Aircraft" (MEA) zu finden. Nicht zuletzt gibt es ebenfalls entsprechende Überlegungen auch im Bereich der Schifffahrt, wie z.B. in [19] nachzulesen ist.

4.3.1 Auswahl einer geeigneten Motortopologie

Innerhalb der Klasse der permanenterregten Synchronmaschinen können anhand einer Vielzahl von Faktoren weitere Detaillierungen vorgenommen werden. Auswahl und Festlegungen zur Topologie können dabei einen grundsätzlichen Einfluss auf Leistungsdichte, Rastmoment und Akustik haben. Abschätzungen, z.B. aus [20] oder [21] bekannt, ermöglichen eine Gegenüberstellung gängiger Designs und einer Vorabbewertung ihrer grundsätzlichen Eignung. Heute etablierte Topologien wie 9/6, 12/8 und 12/10 zeichnen sich durch ein gutes NVH- Verhalten (4. Grundschwingungsmode bei 12/8) oder verhältnismäßig großen Wicklungsfaktor (Bsp. 12/10) und damit größerer Leistungsdichte aus. Weitere Einflussgrößen, Limitierungen oder Vorzugskombinationen ergeben sich zum Beispiel aus den Ausführungen in [20]. Eine weitere Klassifikation kann durch die Art bzw. das Design der verwendeten Wicklung vorgenommen werden. Vorzüge im Bereich der Sicherheit und Fertigungstechnik sorgen für die Etablierung von konzentrierten Zahnspulenwicklungen. Die bekannten Nachteile eines größeren Anteils Harmonischer im Luftspaltfeld gegenüber verteilten Wicklungen können durch Maßnahmen im Design und in der Ansteuerung des E- Motors vermindert werden.

Stand der Technik und gleichzeitig Minimalkonfiguration für einen Drehstrommotor sind drei symmetrische, um 120° phasenverschobene elektrische

Phasen. Wie in Kapitel 2.3 erläutert sind diese Systeme nicht ausreichend für die Gewährleistung der neuen bzw. erweiterten Anforderungen. Das Ziel, auch im Fehlerfall eine quantitativ und qualitativ akzeptable Lenkunterstützung bereitzustellen, verschiebt den Fokus auf mehrphasige Ansätze. Die Vergrößerung der Phasenzahl einer elektrischen Maschine reduziert die erforderliche/bereitgestellte Leistung pro Phase und wirkt sich damit unter Umständen positiv auf die Strombelastung bzw. Leistungsverteilung innerhalb des Antriebs aus. Zugleich verhilft die größere Leistungspartitionierung zu weniger Verlusten im Fehlerfall. Im Falle von umrichtergesteuerten Antrieben bedeutet eine Mehrphasigkeit aber auch einen größeren Bauteilaufwand auf Endstufenseite (Zahl der schaltenden Leistungshalbleiter erhöht sich proportional). Letztlich kann bei der Auseinandersetzung mit mehrphasigen Systemen unterschieden werden zwischen 1 x m- phasigen Systemen, wobei m eine ganze Zahl größer drei ist und sogenannten n x m- Systemen, wo m mindestens drei ist und n eine ganze Zahl üblicherweise im Bereich eins bis vier repräsentiert (1 x 3 bis 4 x 3). Die Basis der n x 3- Lösungen ist das Vorhandensein von mehreren, üblicherweise gleichartigen 3- phasigen Teilsystemen, wobei jedes Teilsystem/jede Teilmaschine elektrisch von der anderen Maschine entkoppelt ist, sie sich aber zumeist immer noch einen gemeinsamen Magnetkreis teilen. Im Gegensatz zu der 1 x m- Phasen- Lösung besitzen n x m- Systeme bei Verschaltung in Stern immer mindestens n voneinander isolierte Sternpunkte. Aus elektromagnetischer Sicht besteht bei einer ideal n x m- phasigen Wicklung ohne Phasenversatz bezüglich Feldaufbau im Motor formal kein Unterschied zu einer dreiphasigen Wicklung in der gleichen Motortopologie. Es kann in diesem Fall physikalisch nicht von einer echten Mehrphasigkeit gesprochen werden, sondern nur von einer Duplizierung mehrerer Dreiphasensysteme. Je nach Motortopologie sind auch multi 3- phasige Systeme möglich, welche die Vorteile von Dreiphasensystemen (Aufbau und Steuerung) mit denen der wirklichen Mehrphasigkeit verbinden. Welches Potential z.B. ein so generierter 6- phasiger Antrieb im 2 x 3- Layout aufweisen kann, wird im Zuge der nachfolgenden Analysen kurz aufgezeigt werden.

Verschiedene Untersuchungen haben sich mit der Frage einer optimalen Phasenzahl auseinandergesetzt. In [18] beispielsweise wurde durch Bewertung der Maschinen- und Antriebsverluste (Kupfer-, Eisen-, Wirbelstrom-, Schaltbzw. thermische Verluste) sowie der Leistungsdichte festgestellt, dass eine Phasenzahl größer sieben häufig nicht zweckmäßig ist bzw. etwaige Vorteile durch einen überproportionalen Mehraufwand beispielsweise im Umrichter egalisiert werden. Auf Seiten der der multiphasigen Systeme sind n x 3- Phasen- Systeme und hier insbesondere 2 x 3- und 3 x 3- phasige Antriebe in der Literatur beschrieben, [22] - [26]. Sie bieten durch die jeweiligen 3- phasigen Grund- bzw. Teilsysteme den großen Vorteil, dass technische Konzepte, Softwarelösungen und ein umfassendes Verständnis etabliert bzw. vorhanden sind.

Die Anwendung eines n x 3- phasigen Antriebskonzeptes auf zuvor bewertete Motortopologien zeigt, dass sich insbesondere 12/8 und 12/10 sehr gut für eine Modifikation eignen. Die Tatsache, dass die Maschinen sowohl aus den Abschätzungen hinsichtlich Leistungsdichte und NVH- Verhalten gut abschneiden und auch im Serieneinsatz etabliert sind, führen schließlich dazu, dass sich auch folgende Auseinandersetzungen zunächst darauf beschränken werden. Basis ist der Aufbau der heute verwendeten Motoren bzw. ihrer Wicklungssysteme. Durch die Verwendung konzentrierter Zahnspulenwicklungen mit einer Spulenweite von einer Nut sowie die zweiteilige Verschaltung mehrerer Spulen zu parallelen Spulengruppen, bestehend aus je zwei i Reihe geschalteten Spulen, ist bereits ein modularer Aufbau gegeben. In den 12/x- Topologien werden dabei insgesamt vier Spulen je Phase gewickelt und verschaltet, wie das Schaltungslayout auf der linken Seite in der Abbildung 4.2 visualisiert. Den dort gezeigten Layoutvarianten für die beiden Maschinentopologien in 2 x 3- Aufbau gemein ist die Auftrennung der Parallelschaltungen von Phase U, V und W. Die beiden entstehenden Stränge je Phase (zu je zwei in Reihe geschalteten Einzelspulen) bilden jeder für sich eine eigene Phase, womit in Summe nach der Modifikation sechs Phasen vorliegen. Die Verbindung von je drei Phasen (als Stern oder Dreieck) resultiert schließlich in den beiden Teilmaschinen. Die zwei Spulen der neu gewonnenen Phasen (z.B. U3 und U4 für die Phase X) werden jeweils in Reihe geschalten. Dies hat im Wesentlichen zwei Gründe: Zum einen halbiert sich dadurch der maximale Strom pro Phase, den die Endstufe über MOSFETs bereitstellen muss (kleinere Bauteile möglich). Zum anderen führt ein Windungs- oder Spulenkurzschluss nicht sofort zu einem Kurzschluss der gesamten Phase, was mögliche Fehlerfolgen begrenzen kann. Welche zwei Spulen von den insgesamt 4 Spulen pro elektrischer Phase miteinander verschaltet werden (z.B. U1 & U2 oder U1 & U3), führt auf die jeweils zwei unterschiedlichen Layouts.

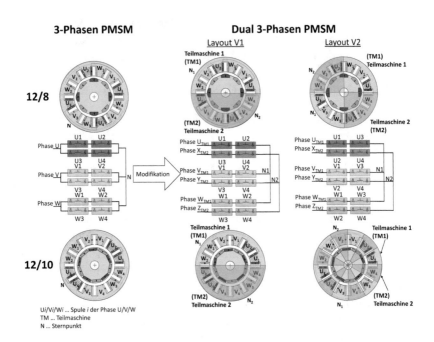

Abbildung 4.2: Verschaltungslayout von 3-/ dual- 3- phasigen Maschinen

Bei der Wahl von Variante V1 ergeben sich für 12/8 und 12/10 vergleichbare
Bedingungen. Die beiden Teilmaschinen verteilen sich räumlich auf je eine
Halbmaschine und es existiert kein elektrischer Phasenversatz in der Gegen-
EMK zwischen komplementären Phasen (U-X, V-Y & W-Z). Bei diesem Layout kann von duplizierten 3- Phasen- Systemen gesprochen werden. Anders
verhält es sich bei der Layoutvariante V2. Werden bildlich gesprochen statt
den nebeneinander liegenden Spulen (z.B. U1 & U2) die gegenüberliegenden
Spulen (U1 & U3) miteinander in Reihe geschalten, so ergeben sich räumliche
und elektrische Unterschiede zwischen 12/8- und 12/10- Topologie. Für das
12/8- Design bedeutet diese Variante eine Aufteilung der Teilmaschinen auf
je zwei sich abwechselnde Viertelgeometrien (vgl. Abbildung 4.2, rechts
oben). Elektrisch verhält sich dieses Layout V2 aber genauso wie das V1: es
gibt keinen Phasenversatz zwischen Teilmaschinen. Bei der 12/10- Topologie
führt die Verschaltung auf eine alternierende Kombination der beiden Teilsysteme. Die Spulen beider Antriebsteile verteilen sich abwechselnd entlang des
Statorumfangs. Diese Aufteilung in Verbindung mit der Polpaarzahl fünf ermöglicht bzw. erfordert einen elektrischen Phasenversatz von 30° zwischen

Teilmaschine 1 und Teilmaschine 2, womit in diesem Design statt einem duplizierten dreiphasigen ein tatsächlich mehrphasiges System vorliegt. Simulationsergebnisse unter Anwendung der FEM bestätigen die vielfach in der Literatur (z.B. [24], [33]) belegten Vorteile einer Mehrphasigkeit (Phasenzahl größer drei). Bei gleichem mechanischen und magnetischem Design sowie gleicher zugeführter elektrischer Leistung ergibt sich ein um ca. 3- 10 % größeres Drehmoment bei gleichzeitig reduzierter Drehmomentwelligkeit. Die Begründung dafür liegt einerseits in einer leichten Vergrößerung des Wicklungsfaktors in der umgewickelten Maschine (Faktor vergrößert sich von 0,933 auf 0,966; +3,5 %). Zeitgleich kann aber auch die d- Stromkomponente im geregelten Grunddrehzahlbereich reduziert bzw. zu Null gesetzt werden, wodurch der Summenstrom zu 100 % als drehmomentbildender q- Strom appliziert werden kann. Die Verringerung der Drehmomentwelligkeit ist hauptursächlich auf die Mehrphasigkeit bzw. Mehrpoligkeit im Statorfeld zurückzuführen, vergleiche auch [24]. Das Potential des Drehmomentgewinns könnte bei gleicher Abgabeleistung für eine Verkürzung der Aktivteillänge genutzt werden. Zusätzlich bietet das verwobene Design, wie ebenfalls in [24] gezeigt wird, das beste Geräusch- und Vibrationsverhalten nach Ausfall bzw. Abschaltung einer Teilmaschine aufgrund der symmetrischen Verteilung der verbliebenen Phasen.

4.3.2 Bewertung der elektromagnetischen Kopplung

Der Punkt der Symmetrie bzw. des Layouts spielt auch noch für einen anderen Aspekt eine wesentliche Rolle: den der elektromagnetischen Kopplung zwischen Phasen und Teilmaschinen. Neben den zuvor vorgestellten vier möglichen Layouts wird an dieser Stelle noch ein fünftes Layout vorgestellt. Der Motor in 12/8- Topologie mit sogenannter Einschichtwicklung stellt gemäß der Fachliteratur (z.B. in [34], [35] oder [36]) einen Idealfall für das Thema Entkopplung dar. (Vergleiche Abbildung 4.3) Es wird nachfolgend geprüft, ob ein solcher Designansatz auch im Fall der Lenkungsanwendung zwingend erforderlich ist oder ob die vorhandenen und modifizierten Designs in Zweischicht-Ausführung ebenfalls geeignet wären. Ein Kriterium für die Eignung stellt das Kopplungsverhalten dar.

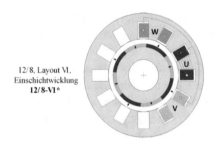

12/8, Layout VI,
Einschichtwicklung
12/8-VI*

Abbildung 4.3: Motortopologie mit Einschichtwicklung

Die Strangspannungsgleichung einer PMSM wurde in Abschnitt 2, Gl. 2.1 bereits genannt. Die Matrix $[\underline{L}_{ij}]$ enthält mit den Selbst- und Gegeninduktivitäten der einzelnen Phasen die Information über eine etwaige Verkettung der Statorspulen mit dem in der Maschine auftretenden magnetischen Fluss (Summenfluss aus Permanentmagnet-Flussanteil und der Überlagerung mit Spulen- bzw. Phasen-induzierten Flussanteilen).

$$\underline{L}_{ij}(i_{Ph}, \theta) := \begin{bmatrix} \boldsymbol{L_{UU}} & L_{UV} & L_{UW} & L_{UX} & L_{UY} & L_{UZ} \\ L_{VU} & \boldsymbol{L_{VV}} & L_{VW} & L_{VX} & L_{VY} & L_{VZ} \\ L_{WU} & L_{WV} & \boldsymbol{L_{WW}} & L_{WX} & L_{WY} & L_{WZ} \\ L_{XU} & L_{XV} & L_{XW} & \boldsymbol{L_{XX}} & L_{XY} & L_{XZ} \\ L_{YU} & L_{YV} & L_{YW} & L_{YX} & \boldsymbol{L_{YY}} & L_{YZ} \\ L_{ZU} & L_{ZV} & L_{ZW} & L_{ZX} & L_{ZY} & \boldsymbol{L_{ZZ}} \end{bmatrix} \qquad \text{Gl. 4.1}$$

Eine Änderung im Phasenstrom einer Phase führt zu einem Spannungsabfall in benachbarten Phasen in Abhängigkeit von dem Grad der Kopplung und der Stärke der Stromänderung. Für die betrachteten Motortopologien sind FEM-Simulationen zur Bestimmung der nichtlinearen Funktion eingesetzt und mit einer messtechnischen Parameteridentifikation verifiziert worden. Die im Versuchsaufbau ermittelten Induktivitäten basieren auf dem Grundwellenmodell und werden über Spannungs- und Strommessungen aus der Spannungsgleichung in d- q- Koordinaten ermittelt. Die Genauigkeit der gemessenen Parameter wird über den Abgleich von Ist- zu Sollmoment im geregelten Antrieb bestimmt und liegt mit ~ ± 1,5 % bei Vollast in akzeptablem Rahmen für den angestrebten Vergleich in Abbildung 4.4. Simulation und Messung zeigen über den gesamten untersuchten Arbeitsbereich eine gute Übereinstimmung bei Abweichungen kleiner 10 %.

Parameter L_{dd} [µH]		d-Achsen-Strom i_d [A]											
		-10		-20		-30		-40		-50		-60	
		Messung	Simulation	Messung	Simulation	Messung	Simulation	Messung	Simulation	Messung	Simulation	Messung	Simulation
10	Absolut	125,1	129,2	124,4	127,6	123,0	124,6	121,1	121,0	118,6	117,2	115,4	113,4
	Delta	3,3%		2,6%		1,2%		-0,1%		-1,1%		-1,7%	
20	Absolut	123,4	126,9	122,7	125,1	121,4	122,2	119,4	118,8	116,9	115,3	113,7	111,7
	Delta	2,9%		2,0%		0,7%		-0,5%		-1,4%		-1,8%	
30	Absolut	120,6	123,7	119,9	121,8	118,6	119,0	116,6	116,0	114,1	112,7	110,9	109,4
	Delta	2,6%		1,6%		0,4%		-0,6%		-1,2%		-1,4%	
40	Absolut	116,7	120,0	116,0	117,9	114,7	115,4	112,7	112,6	110,2	109,7	107,0	106,7
	Delta	2,8%		1,7%		0,6%		-0,1%		-0,4%		-0,3%	
50	Absolut	111,6	115,9	111,0	113,9	109,6	111,6	107,7	109,1	105,2	106,5	102,0	103,7
	Delta	3,8%		2,7%		1,8%		1,3%		1,2%		1,7%	
60	Absolut	105,5	111,8	104,8	109,9	103,5	107,8	101,6	105,5	99,0	103,2	95,9	100,7
	Delta	6,0%		4,8%		4,1%		3,9%		4,2%		5,0%	

Row header: q-Achsen-Strom i_q [A]

Parameter L_{qq} [µH]		d-Achsen-Strom i_d [A]											
		-10		-20		-30		-40		-50		-60	
		Messung	Simulation	Messung	Simulation	Messung	Simulation	Messung	Simulation	Messung	Simulation	Messung	Simulation
10	Absolut	142,3	135,4	142,0	133,7	140,6	130,6	138,3	126,9	135,0	123,0	130,7	119,0
	Delta	-4,8%		-5,8%		-7,1%		-8,3%		-8,9%		-9,0%	
20	Absolut	140,2	133,1	139,9	131,2	138,6	128,1	136,3	124,6	133,0	121,0	128,7	117,2
	Delta	-5,1%		-6,2%		-7,5%		-8,5%		-9,0%		-8,9%	
30	Absolut	136,8	129,8	136,4	127,7	135,1	124,8	132,8	121,6	129,5	118,2	125,2	114,8
	Delta	-5,1%		-6,4%		-7,6%		-8,4%		-8,7%		-8,3%	
40	Absolut	131,9	125,8	131,6	123,6	130,3	121,0	128,0	118,1	124,7	115,1	120,4	111,9
	Delta	-4,7%		-6,1%		-7,1%		-7,7%		-7,7%		-7,0%	
50	Absolut	125,7	121,5	125,4	119,4	124,1	117,0	121,8	114,4	118,5	111,7	114,2	108,8
	Delta	-3,3%		-4,8%		-5,7%		-6,0%		-5,7%		-4,7%	
60	Absolut	118,1	117,2	117,8	115,2	116,5	113,0	114,2	110,7	110,9	108,2	106,6	105,6
	Delta	-0,8%		-2,2%		-3,0%		-3,1%		-2,4%		-0,9%	

Row header: q-Achsen-Strom i_q [A]

Abbildung 4.4: Vergleich von L_{dd} und L_{qq} aus Messung und Simulation

Auffällig ist eine zunehmende Abweichung der q- Achsen- Induktivität L_{qq} mit betragsmäßig zunehmendem d- und abnehmendem q- Strom. Bezogen auf den geregelten Antrieb bedeutet dies eine steigende Abweichung beim simulierten Betrieb in der Feldschwächung. Bei der Bewertung der Simulationsergebnisse wird darauf im Kapitel 6.2.1 nochmals verwiesen.

In der Tabelle 4.1 sind die gleichermaßen simulativ berechneten Stranginduktivitäten der verschiedenen zu analysierenden Motortopologien gegenübergestellt.

Tabelle 4.1: Simulationsergebnisse für Selbst- und Gegeninduktivitäten der Motortopologien im Bemessungspunkt

L_{ij} [µH]	12/8-V1	12/8-V2	12/10-V1	12/10-V2	12/8-V1*
L_{UU}	68,83	69,16	109,14	104,43	142,00
L_{UV}	28,16	27,91	7,79	2,21	6,20
L_{UW}	15,64	3,37	0,18	2,21	6,40
L_{UX}	2,97	3,21	0,77	20,65	6,30
L_{UY}	3,25	3,52	0,20	2,41	6,50
L_{UZ}	15,28	27,61	7,77	27,93	6,30

Die Ergebnisse unterstreichen zum einen die erwartete Homogenisierung und Reduzierung der Kopplung bzw. der Koppelinduktivitäten im Zusammenhang mit der Einschichtwicklung bei der 12/8. Eine vollständige Entkopplung ist mit dem untersuchten Design allerdings auch nicht gegeben. Zeitgleich ist zu erkennen, dass auch die 12/10- Topologie nach Layoutvariante V1 nur eine geringe Kopplung im Vergleich zu den 12/8- Topologien aufweist.

Um die Frage zu beantworten, wie viel Kopplung für eine fehlertolerante Antriebsarchitektur zulässig ist, werden die Prototypen der betrachteten Topologien in Laborversuchen mit asymmetrischen (1- Phasen- Unterbrechung/Kurzschluss) und symmetrischen (3- Phasen- Unterbrechung/ Kurzschluss) Störungen belastet. Das spezifische Fehlerbild wird dazu in einer Teilmaschine aufgeschaltet und die Auswirkungen in der jeweils zweiten Teilmaschine erfasst und analysiert.

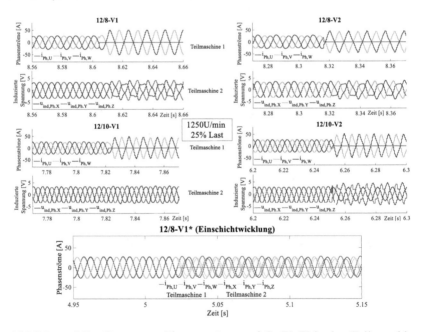

Abbildung 4.5: Gemessene Phasenströme und G- EMK in den Teilmaschinen vor und nach Unterbrechungsfehler

In Abbildung 4.5 sind exemplarisch die Ergebnisse für die gemessene Gegen-EMK in Teilmaschine 2 (passiv) und nach Aufschalten einer 1- Phasen- Unterbrechung in TM 1 (aktiv, geregelt) gegenübergestellt. Der Kopplungseinfluss bzw. die Auswirkungen der unterschiedlich starken Kopplungsinduktivitäten sind deutlich anhand einer Störung der Gegen- EMK in Teilmaschine 2 erkennbar. Je stärker diese Beeinflussung wirksam und sichtbar wird, umso schwerwiegender sind die zu erwartenden Verschlechterungen im degradierten Betrieb des fehlerbehafteten Antriebs. Auch hier zeigt die Variante 12/10-V1 kaum Auswirkungen eines unsymmetrischen Fehlers auf die intakte Maschinenhälfte und ist damit vergleichbar zu den Charakteristiken, die mit dem Einschicht- Prototyp gemessen wurden (vgl. Einfluss der unsymmetrischen Phasenunterbrechung auf Phasenströme des geregelten Antriebs in Abbildung 4.5 unten). Es ist bestätigt, dass die Kopplung mit der Einschichtwicklung deutlich reduziert werden kann (Vergleich der Topologievarianten 12/8-V1 und –V1*). Gleichzeitig sorgt die Homogenisierung der Kopplung dafür, dass symmetrische Fehler zu keiner nennenswerten elektrischen Asymmetrie in der zweiten, intakten Teilmaschine führen. Solange aber eine Kopplung vorhanden bleibt, können entsprechende Störeffekte auf eine intakte Antriebseinheit nicht ausgeschlossen werden, wie die Messungen belegen. Die Untersuchungen haben darüberhinaus gezeigt, dass eine 12/10- Motortopologie mit separiertem Layout der Teilmaschinen und Zweischichtwicklung (V1) aus Sicht der elektromagnetischen Kopplung durchaus ein geeigneter Kandidat für die zu definierende Systemarchitektur ist und nicht zwingend der Umstieg auf eine Einschichtwicklung erfolgen muss.

4.3.3 Festlegen der Antriebsarchitektur

Aus dem Vergleich gängiger Maschinentypen und ihrer Gegenüberstellung hinsichtlich Leistungsdichte, Funktionalität und Betriebseigenschaften bestätigen sich die permanenterregten Synchronmaschinen entsprechend dem derzeitigen Stand der Technik. Auch verwandte Aspekte wie Nut- und Polzahlkombinationen, Magnettopologien oder die Verwendung von konzentrierten Zahnspulenwicklungen haben sich etabliert und sind im Zuge fehlertoleranter Optimierungen zunächst zulässig. Die Analyse bekannter Multiphasenansätze, wie sie z.B. in [16], [17], [22] und [23] erläutert werden, im Zusammenhang mit spezifischen Designüberlegungen [24] und verlässlichkeitssteigernden Betriebsstrategien, z.B. in [26] - [28] und [30] -[32], führen auf eine Dual- 3-

Phasen- Topologie (D3P) als geeigneten Lösungsansatz. Auf der einen Seite erfüllt diese Topologie in Verbindung mit einer heißen Redundanz die gegebenen Anforderungen hinsichtlich der angestrebten Fehlertoleranz:

- zwei relativ unabhängige Teilsysteme, die jeweils 50% der Systemleistung bereitstellen können

- die Eignung des Konzepts für eine redundante Spannungsversorgung, wie sie für hochautomatisiertes Fahren konsequenterweise gefordert ist

- Es ist keine Überdimensionierung erforderlich, um die geforderten 35%-Ausgangsleistung auch nach einem beliebigen Erstfehler bereitstellen zu können.

Auf der anderen Seite ermöglicht die Kombination von n Dreiphasensystemen ($n \geq 2$) die Verwendung vieler etablierter Prinzipien und Grundlagen aus dem Design und der Regelung elektrischer Antriebe.

Mit Blick auf die ca. 35 % geforderte Unterstützung im degradierten Betrieb sowie unter Berücksichtigung der gegebenen Restriktionen wird nachfolgend eine Systemarchitektur ohne Phasentrennvorrichtungen vorgestellt und näher bezüglich ihrer Eignung analysiert. Zugrundeliegende Idee ist die einer Reduzierung von Komponenten. Eine durch das Dual- 3- Phasen- Konzept bedingte Redundanz macht sich weniger im Aufbau des Elektromotors selbst als vielmehr im dazugehörigen Steuergerät bemerkbar. Eine konsequent umgesetzte Redundanz erfordert beinahe die doppelte Anzahl von Komponenten und beansprucht damit unter Umständen nicht nur mehr Bauraum, sondern zieht zwangsweise auch Fragen der Wirtschaftlichkeit nach sich. Phasentrennvorrichtungen, die topologisch üblicherweise in der Endstufe in Phasenzuleitungen integriert werden, erzeugen nicht nur einen permanenten Verlustanteil in Form zusätzlicher Spannungsabfälle bzw. Stromwärmeverluste. Ihr Vorhandensein und die permanente Belastung im Lenkungsbetrieb sind auch aus Zuverlässigkeitsgründen stets bei der Gestaltung, Dimensionierung und Bewertung einer Systemarchitektur zu berücksichtigen.

In der vorgeschlagenen Architektur wird somit durch Kombination von Redundanz und fehlertoleranten Betriebsstrategien ein Potential erschlossen, welches sich sowohl auf Wirtschaftlichkeit und Bauraum als auch auf die Zuverlässigkeit des Systems positiv auswirken kann. Die nachfolgende Abbildung 4.6 veranschaulicht zum einen den Grundaufbau eines dual- 3- phasigen

Antriebskonzeptes, wie es in der bekannten Literatur überwiegend propagiert wird (obere Darstellung). Die Teilsysteme liegen dabei schematisch und physisch getrennt vor. Im Vergleich dazu zeigt die untere Darstellung die im Rahmen dieser Arbeit modifizierte und als zielführend angesehene Architektur des dual- 3- phasigen Antriebes. Zu erkennen ist eine „verwobene" Struktur in der Endstufe, in der je zwei elektrische Phasen des Motors einem Endstufenmodul (DBC) zugeordnet sind. Infolgedessen werden die als „W" (Teilmaschine 1) und „X" (Teilmaschine 2) bezeichneten Phasen beider Teilmaschinen von einem gemeinsamen DBC versorgt; die klare Trennung der redundanten Systeme ist an dieser Stelle aufgehoben. Die Permutation der elektrischen Phasen auf die drei DBC ist, wie die weiteren Ausführungen belegen werden, gezielt gewählt und von Vorteil für den beabsichtigten komfortoptimierten Betrieb im Fehlerfall.

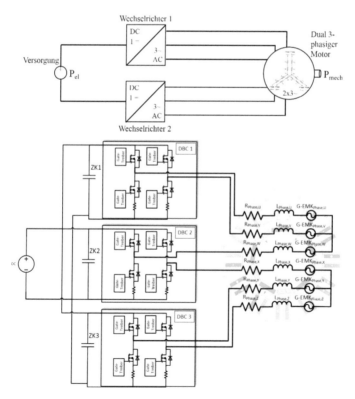

Abbildung 4.6: Vergleich etablierter und der D3P- Antriebsarchitektur mit gesteigerter Verlässlichkeit

5 Validierung einer neuen EPS-Antriebsarchitektur

5.1 Motor- und Systemsimulationen

Eine effiziente Entwicklung neuer technischer Systeme und Produkte erfordert -wie bereits mehrfach betont- einen systematischen Ansatz, um die Komplexität und Interdependenzen einzelner Mechanismen und Faktoren adäquat zu berücksichtigen. Diese Vorgehensweise schließt auch oder gerade deswegen die Applikation unterschiedlicher Tools in den Lösungsprozess ein. Im Rahmen dieser Arbeit sind sowohl elektromagnetische FEM-Simulationen (mit ANSYS Maxwell®) als auch ein Tool zur Netzwerksimulation (ANSYS Simplorer®) für die Validierung von Motor- und Systemverhalten eingesetzt worden. Die numerischen Simulationen werden zum einen dazu verwendet, die zumeist nichtlinearen Charakteristiken der elektrischen Maschine im Normal- und Fehlerbetrieb zu bewerten. Zum anderen ermöglichen sie genau diese Nichtlinearität in Form der last- und winkelabhängigen Motorparameter zu extrahieren und in ein übergeordnetes Systemmodell zu implementieren (Parameterextraktion zur Erstellung von reduzierten Ordnungsmodellen).

Im Abschnitt 2.2 wurden die vereinfachten analytischen Grundlagen für eine dreiphasige Synchronmaschine erläutert. Für einen Multi 3- Phasen- Motor (z.B. 2 x 3) ändern sich diese Grundlagen zunächst nicht, müssen aber konkretisiert werden. Die allgemeine Strangspannungsgleichung einer elektrischen Phase, wie in Gl. 2.1 beschrieben, besitzt nach wie vor Gültigkeit und ist in jedem dreiphasigen Teilsystem (vergleiche Ersatzschaltbild des dual- 3- phasigen Motors in Abbildung 4.6) anwendbar. Die Veränderungen treten in Erscheinung, wenn die Strangspannungsgleichung in Vektor- Matrix- Schreibweise abgebildet wird. Ein adäquater Ausdruck dieser Gleichung in d/ q- Notation ist für eine dual- 3- phasige Synchronmaschine in der nachfolgenden Gleichung abgebildet: (Annahme: differentielle und absolute Induktivitäten gleich groß; gilt nur im ungesättigten Fall).

$$
\begin{bmatrix} u_{d1} \\ u_{q1} \\ u_{d2} \\ u_{q2} \end{bmatrix} = \begin{bmatrix} R_{d1} & 0 & 0 & 0 \\ 0 & R_{q1} & 0 & 0 \\ 0 & 0 & R_{d2} & 0 \\ 0 & 0 & 0 & R_{q2} \end{bmatrix} \begin{bmatrix} i_{d1} \\ i_{q1} \\ i_{d2} \\ i_{q2} \end{bmatrix} + \begin{bmatrix} L_{d1d1} & 0 & L_{d1d2} & 0 \\ 0 & L_{q1q1} & 0 & L_{q1q2} \\ L_{d1d2} & 0 & L_{d2d2} & 0 \\ 0 & L_{q1q2} & 0 & L_{q2q2} \end{bmatrix} \frac{d}{dt} \begin{bmatrix} i_{d1} \\ i_{q1} \\ i_{d2} \\ i_{q2} \end{bmatrix} +
$$

$$
\omega_{el} \begin{bmatrix} 0 & -L_{q1q1} & 0 & L_{d1d2} \\ L_{d1d1} & 0 & L_{d1d2} & 0 \\ 0 & L_{d1d2} & 0 & -L_{q2q2} \\ L_{d1d2} & 0 & L_{d2d2} & 0 \end{bmatrix} \begin{bmatrix} i_{d1} \\ i_{q1} \\ i_{d2} \\ i_{q2} \end{bmatrix} + \omega_{el} \begin{bmatrix} 0 \\ \Psi_{PM} \\ 0 \\ \Psi_{PM} \end{bmatrix}
$$

Gl. 5.1

Zu erkennen sind die nun neu hinzugekommenen Kreuzkopplungen der Induktivitäten beider Teilmaschinen. Je nach Motordesign kann ihr Einfluss stärker oder schwächer ausgeprägt sein. Dieselbe Gleichung in Strangnotation verwendet eine Induktivitätsmatrix von theoretisch sechs Haupt- und 30 Gegeninduktivitäten. Rein praktisch reduziert sich diese Zahl häufig in Analogie zu der klassischen 3- Phasen- Theorie auf weniger L- Terme unter der Annahme einer Design- bzw. Feldsymmetrie im Motor ($L_{i,j} = L_{j,i}$).

Um den (theoretischen) Einfluss fehlerbedingter Asymmetrien sowie deren zukünftige Untersuchung zu ermöglichen wurde das primär verwendete Systemmodell mit allen 36, individuell parametrisierbaren Induktivitätstermen versehen. Während die Darstellung in d- und q- Koordinaten für die Abbildung des Normalbetriebs unbestritten der effizientere Weg wäre, interessieren im Rahmen dieser Arbeit insbesondere die Einflüsse der elektromagnetischen Kopplung und das Auftreten von zum Teil asymmetrischen Fehlerfällen (darunter auch motorinterne Fehler wie der Windungsschluss). Aus diesem Grund wird an einer Modellierung in Strangkoordinaten mit allen 36 Matrixelementen entsprechend Gl. 4.1 festgehalten.

Die nachstehende Abbildung 5.1 erläutert eine mögliche Vorgehensweise zur Bestimmung der Parameter. Im Arbeitsbereich des elektrischen Antriebs werden -weitgehend homogen verteilte- Arbeits- bzw. Lastpunkte ausgewählt und für jeden dieser Punkte der transiente Verlauf der Wicklungsinduktivitäten ermittelt. Jeder Lastpunkt ist dabei durch eine (konstante) Drehzahl, eine Stromamplitude bzw. spezifische i_d, i_q- Verteilung sowie das resultierende Lastmoment gekennzeichnet. Aus dieser Datenmenge werden für jeden Winkelschritt oder für einen Mittelwert der Induktivitäten (nur Lastabhängigkeit) Profile für die 36 Selbst- und Gegeninduktivitäten ermittelt. Die Winkelabhängigkeit der Induktivitäten kann modelltechnisch als Kombination diskreter Profilflächen erfasst werden. In der nachfolgenden Abbildung 5.2 sind die aus der Koordinatentransformation gewonnenen Induktivitäten L_d, L_q und L_{dq} exemplarisch für eine Teilmaschine abgebildet.

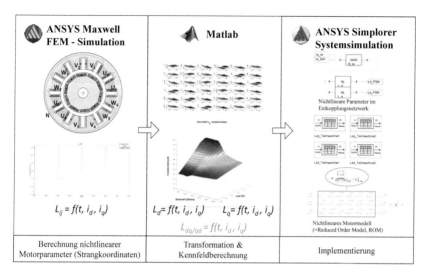

Abbildung 5.1: Aufbau des reduzierten Ordnungsmodells

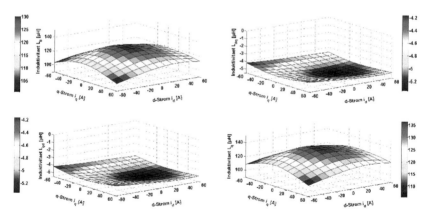

Abbildung 5.2: Lastabhängigkeit der Induktivitäten L_d, L_q und L_{dq} bzw. L_{qd}

Bei der hier beschriebenen Diskretisierung der Parameter bzw. Maschinencharakteristiken und ihrer Implementierung im Simulationstool wird das Programm zwischen den einzelnen Stützstellen interpolieren. In Abhängigkeit der Randbedingungen (Last, Rotorlage, Winkelgeschwindigkeit) ergeben sich die aktuellen Charakteristiken. Als Alternative für die diskrete Abbildung der transienten Parameter wäre auch die analytische Darstellung ein bewährtes

Mittel. Verwiesen sei hierzu z.B. auf [37]. Auf die mögliche Umsetzung dieser Methodik soll an dieser Stelle nicht näher eingegangen werden, da das hier umgesetzte reduzierte Ordnungsmodell (ROM) in der Lage ist winkel- und lastabhängige Nichtlinearitäten (z.B. infolge der Sättigung) in ausreichendem Detail abzubilden. Der große Nutzen des so gewonnenen Ordnungsmodells ist eine detailliertere und dennoch effiziente Abbildung des Motorverhaltens in einem Systemsimulator wie Simplorer. Nichtlinearitäten infolge lokaler bzw. lastabhängiger Sättigungserscheinungen werden mit hinreichender Genauigkeit berücksichtigt, ohne eine Rechen-, Speicher- und Zeit- intensive Co-Simulation mit einem FEM- Modell durchführen zu müssen. Die erzielbare Genauigkeit hängt mit der Auflösungsgenauigkeit der zuvor bestimmten Parameter bzw. ihrer Implementierung (zugrundeliegende Motorgleichungen) zusammen. Die Abbildung des Motormodells in Strangkoordinaten erfordert zwar zusätzliche Berechnungsschritte (einzelne Spannungsabfälle) und Transformationen (Clarke/Park), ermöglicht aber auf der anderen Seite eine realere Abbildung physischer Gegebenheiten.

Um Funktion, Fehlerverhalten und Betriebsstrategien auch auf Antriebsebene vorab zu bewerten (vor dem Aufbau von kostspieligen Prototypen) wird das zuvor beschriebene Motormodell in eine entsprechende Antriebsumgebung eingebettet. Dieses im Simplorer aufgebaute Systemmodell umfasst zum einen eine physikalisch angenäherte Abbildung des Umrichters, bestehend aus Zwischenkreiskondensatoren, der Endstufe mit MOSFET- Halbleitern sowie Leiter- bzw. Kabelwiderständen und -induktivitäten. Für die Parametrierung der einzelnen Bauteile konnte auf reale Charakteristiken und Designs zurückgegriffen werden. Des Weiteren zählen zu jeder Teilmaschine des dual- dreiphasigen Antriebs je ein PI- Stromregler und ein PWM- Generator zur Berechnung des PWM- Ansteuermusters auf Basis der Ausgangsgrößen des Reglers. Vervollständigt wird das Modell durch eine variabel einstellbare Sollwertvorgabe (Lastabhängige Referenzströme und/oder Drehzahlprofile) sowie einen Kontrollblock zur Aktivierung/ Deaktivierung von (Teil-) Funktionen. Letztere Anordnung ermöglicht eine Zeit- und/oder Ereignis-gesteuerte Aufschaltung von einzelnen oder sequenziellen Fehlerbildern im gesamten Antriebssystem. (Anwendung im Kapitel 5.3) Das beschriebene Antriebsmodell mit den wesentlichen, beschriebenen Komponenten zeigt die nachstehende Abbildung 5.3.

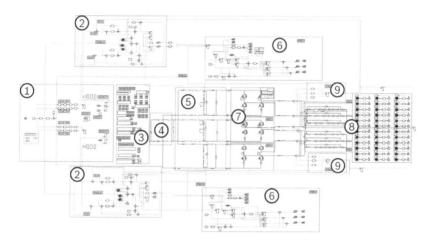

1 Sollwert- Geber
2 PI- Regler
3 Fehleraufschaltung und Adaption
4 Spannungsversorgung (Bordnetz)
5 Stanzgitter & Zwischenkreise

6 PWM- Generatoren
7 Endstufe
8 Reduziertes Ordnungsmodell des Motors
9 Strommessung (Istwert- Geber)

Abbildung 5.3: Modell zur Antriebssimulation

5.2 Funktionalität und Performance im Normalbetrieb

Die grundlegenden Funktionalitäten und Eigenschaften des dual- dreiphasigen Antriebs mithilfe einer permanenterregten Synchronmaschine sind mehrfach in der Literatur vorgestellt worden. Aussagen zum optimalen Layout der Maschinen, zu Betriebs- und teilweise Fehlerverhalten sind zum Beispiel in [22], [25] und [28] wiederzufinden. Da entsprechende Analysen aus anderen Anwendungsgebieten und mit anderen Zielstellungen selten vollständig übertragbar auf die z.B. hier betrachtete Anwendung eines Lenkhilfsantrieb sind, wird hier eine Referenz definiert. Mit dem erarbeiteten Modell lassen sich charakteristische Performanceindikatoren, wie die Drehmoment- Drehzahlkennlinie (M(n), je Teilmaschine und Gesamtantrieb) oder die Ausprägung der Phasen- und Batterieströme bestimmen. Einen Überblick gibt die Abbildung 5.4.

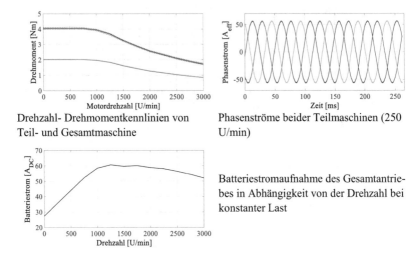

Drehzahl- Drehmomentkennlinien von Teil- und Gesamtmaschine

Phasenströme beider Teilmaschinen (250 U/min)

Batteriestromaufnahme des Gesamtantriebes in Abhängigkeit von der Drehzahl bei konstanter Last

Abbildung 5.4: Performance des sim. Antriebes im Normalbetrieb

5.3   Analyse von Fehlerbildern und deren Auswirkungen

Wie im Abschnitt 4.2 bereits ausführlicher erläutert, kann das Ziel einer Verlässlichkeitssteigerung über eine Reduzierung der Fehlereintrittswahrscheinlichkeit und/ oder durch Begrenzung möglicher Fehlerfolgen und -wirkungen realisiert werden. Gerade für die vorgeschlagene Systemarchitektur ohne Phasentrennvorrichtungen sind umfassende Analysen und Bewertungen realistischer Fehlerbilder sowie ihrer möglichen Auswirkungen auf das System notwendig. Die gewonnenen Erkenntnisse fließen anschließend ein in die Erarbeitung und Umsetzung wirkungsvoller Regel- bzw. Steuerstrategien für den fehlerbehafteten, zugleich aber komfortablen, degradierten Betrieb.

Für die nachfolgenden Ausführungen wird ausgehend von einer erarbeiteten Fehlermatrix in Abbildung 5.5 der Fokus besonders auf das stationäre und transiente Verhalten nach idealen Unterbrechungs- und Kurzschlussfehlern gelegt, weil dort mit den größten Auswirkungen auf die Systemleistung zu rechnen ist.

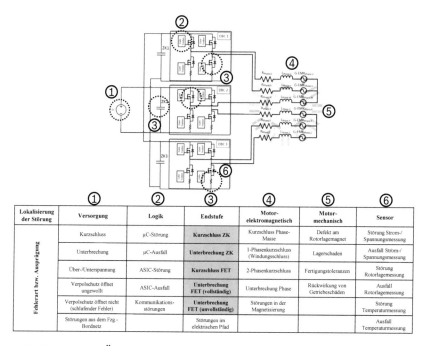

Lokalisierung der Störung	Versorgung	Logik	Endstufe	Motor-elektromagnetisch	Motor-mechanisch	Sensor
	Kurzschluss	µC-Störung	**Kurzschluss ZK**	Kurzschluss Phase-Masse	Defekt am Rotorlagemagnet	Störung Strom-/Spannungsmessung
	Unterbrechung	µC-Ausfall	**Unterbrechung ZK**	1-Phasenkurzschluss (Windungsschluss)	Lagerschaden	Ausfall Strom-/Spannungsmessung
	Über-/Unterspannung	ASIC-Störung	**Kurzschluss FET**	2-Phasenkurzschluss	Fertigungstoleranzen	Störung Rotorlagemessung
	Verpolschutz öffnet ungewollt	ASIC-Ausfall	**Unterbrechung FET (vollständig)**	Unterbrechung Phase	Rückwirkung von Getriebeschäden	Ausfall Rotorlagemessung
	Verpolschutz öffnet nicht (schlafender Fehler)	Kommunikations-störungen	**Unterbrechung FET (unvollständig)**	Störungen in der Magnetisierung		Störung Temperaturmessung
	Störungen aus dem Fzg.-Bordnetz		Störungen im elektrischen Pfad			Ausfall Temperaturmessung

Abbildung 5.5: Übersicht möglicher Fehlerbilder im elektrischen Antrieb

Für die Entwicklung eines finalen Systems sind alle denkbaren Störungen und Fehlerbilder im Detail zu analysieren und zu bewerten. Der Begriff „Fehler" soll in diesem Zusammenhang die kritische Ausprägung einer „Störung" kennzeichnen. Während eine Störung (z.B. Signalrauschen) nicht zwingend zu einer signifikanten Beeinträchtigung des Systemverhaltens führen muss, stellt der Fehler (z.B. Kurzschluss) einen Defekt mit Auswirkungen auf den Betriebszustand dar. Für die grundsätzliche Verifikation der Architektur und insbesondere die nachfolgenden Gedanken werden folgende Annahmen und Festlegungen getroffen:

- Für ein System mit gesteigerter Verlässlichkeit wird weiterhin nur eine Versorgungsquelle zur Verfügung stehen; eine redundante Spannungsversorgung bleibt zukünftigen Architekturen für hoch- und vollautomatisiertes Fahren vorbehalten. Für das Fehlerverhalten und die Verifikation bedeutet dies, dass die Verfügbarkeit des elektrischen Antriebs direkt mit der Verlässlichkeit und Zuverlässigkeit des singulären Fahrzeugbordnetzes verbunden bleibt. Versorgungsfehler spielen daher keine gesonderte Rolle für die erste Verifikation der vorgeschlagenen Architektur.

■ Logik- und Sensorstörungen werden infolge einer Analyse als untergeordnet priorisiert; ihre Auswirkungen und Folgen ähneln bzw. äußern sich in sehr vielen Fällen in Endstufenfehlern. Störungen im Mikrocontroller können sich beispielsweise über falsche Stellsignale an die Endstufentreiber in einem gestörten Schaltverhalten der MOSFETs und damit einer nicht-adäquaten Ansteuerung des Elektromotors auswirken. Sie wurden im Rahmen der Arbeit untersucht, werden aber an dieser Stelle nicht näher erläutert.

■ Motorfehler elektrischer Art sind durch adäquate Dimensionierung (z.b. Thermik und Materialauswahl) sowie konstruktive Maßnahmen (z.b. räumliche Trennung der Phasen), Qualitätsmaßnahmen und Softwareschutzmaßnahmen statistisch ausgeschlossen. Im Rahmen der zwingend erforderlichen Beweisführung werden diese Fehlerbilder zumindest theoretisch analysiert und bewertet, wobei ihre Ausprägungen sich in vielen Fällen ebenfalls wieder auf Endstufenfehler überführen lassen (Bsp.: Unterbrechung einer Phase annähernd gleichbedeutend wie die vollständige Unterbrechung eines Leistungshalbleiters).

■ Motorfehler mechanischer Art werden über ähnliche Ansätze (u.a. Qualitätsüberwachung) argumentativ ausgeschlossen bzw. im Zuge dieser Arbeit stellen sie für die D3P- Architektur keine neuen, spezifischen Aspekte im Vergleich zu bisherigen 3- phasigen Architekturen dar.

Zusammenfassend bleiben die Endstufenfehler als relevante Fehlerbilder bestehen, deren Analyse und Bewertung fundamental für die Verifikation der vorgeschlagenen Topologie sind. Störungen, wie etwa auftretende Schwankungen in der Versorgungsspannung, veränderliche $R_{DS,on}$- und Übergangswiderstände, Magnetisierungsfehler etc. treten unabhängig von der Systemarchitektur auf und haben keine unmittelbare Relevanz für die Frage, ob in der vorliegenden Antriebsarchitektur Phasentrenner benötigt werden oder nicht. Sie können zumeist durch entsprechende Diagnosefunktionen und Adaptionen der Regelstrategie berücksichtigt bzw. kompensiert werden.

5.3.1   Unterbrechungsfehler

Die Analyse von einzelnen Unterbrechungsfehlern, wie sie durch Beschädi-
gungen eines Halbleiters im Wechselrichter oder durch Phasenunterbrechungen zwischen bzw. innerhalb von Motor und Endstufe auftreten können, führt
bei der Bewertung einer Kritikalität von Fehlern in der Regel nicht zu einer
Verletzung von Sicherheitszielen. In der Folge dieser Fehlerbilder ist im Allgemeinen mit einem definierten Leistungsverlust zu rechnen, der von der Leistung pro Phase (Topologie und Dimensionierung) sowie dem Zeitpunkt und
der Lokalisierung des Fehlereintritts abhängt. Aus den Analysen zum degradierten Betrieb stammt die Anforderung nach einer Mindestunterstützung von
ca. 35 % der nominalen Leistung. Wie aus theoretischen Abschätzungen her-
vorgeht, bedarf es mindestens drei Phasenunterbrechungen, verteilt auf beide
Teilmaschinen, um einen Leistungsverlust größer 65 % hervorzurufen.

Bei Unterbrechungsfehlern im Bereich der Leistungshalbleiter muss mit der
Verwendung von MOSFETs unterschieden werden zwischen einer vollständigen (z.B. durchlegierter FET nach Kurzschluss) und einer unvollständigen Unterbrechung (z.B. infolge fehlerhafter Ansteuersignale oder defekter Endstufentreiber). Im zweiten Fall ist der MOSFET u.U. technisch einwandfrei,
schaltet aber aufgrund fehlender Ansteuerung nicht oder nicht richtig. Die pa-
rasitäre Bodydiode des MOSFETs verbleibt nach wie vor leitfähig im System
und kann bei Überschreiten einer bestimmten induzierten Potentialdifferenz
einen Strom aus der Maschine über die Highside- Bodydiode und in die Maschine über die Lowside- Bodydiode führen. Übersteigt die in einer Motorphase induzierte Gegen- EMK das Potential des Zwischenkreiskondensators
in der Endstufe um den Betrag der Dioden- Vorwärtsspannung, so ist mit einem Strom über die Bodydiode eines Highside- MOSFETs zu rechnen. Ein so
fließender Phasenstrom verursacht aufgrund der physikalischen Eigenschaften
eines induzierten Stromes ein Bremsmoment in der betroffenen Phase bzw.
dem Teilantrieb. In der untersuchten Konfiguration tritt dieser Strom bei no-
minal geladenem Zwischenkreis ab einer Drehzahl von etwa 1800 U/min auf
und nimmt mit ansteigender Rotorgeschwindigkeit annähernd linear zu. In der
Folge nimmt das verfügbare Drehmoment aus Teilmaschine 1 entsprechend
der Abbildung 5.6 unten mit steigender Drehzahl ab.

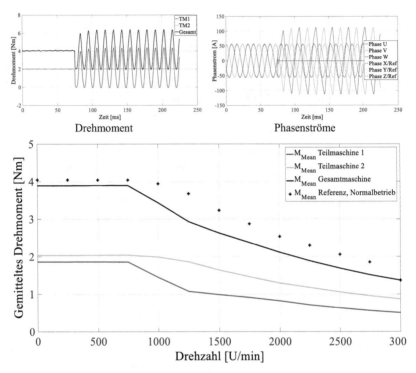

Abbildung 5.6: Auswirkungen der MOSFET- Unterbrechung auf Drehmoment und Phasenstrom

Wann diese Diodenströme auftreten und mit welcher Amplitude sie eine negative Wirkung auf das Drehmoment des Antriebes haben, hängt von dem Systemaufbau ab. Maßgeblich dafür sind neben der Zwischenkreisspannung vor allem die Eigenschaften der Diode selbst. Auch die induzierte Spannung in der betroffenen Motorphase und die anliegenden Potentiale an den anderen beiden Phasen bestimmen den Zeitpunkt und die Ausprägung. Die verfügbare Leistung nach Eintritt der Fehler erfüllt im Mittel die Leistungsanforderungen deutlich. Einzig die Drehmomentwelligkeit und die Amplitude der Phasenströme unter Volllast sind nicht akzeptabel und mittels adaptiver Maßnahmen zu reduzieren. (Abschnitt 6.1)

Der Vergleich mit einer Messung in Abbildung 5.7 zeigt ein ähnliches Verhalten in den Phasenströmen und dem Drehmoment nach Aufschalten der Phasenunterbrechung (Drehzahl ca. 2000 U/min). Allerdings wurde der Regler während der Messung so eingestellt, dass Phasenströme nach Fehleraufschaltung ihren Nennwert nicht überschreiten.

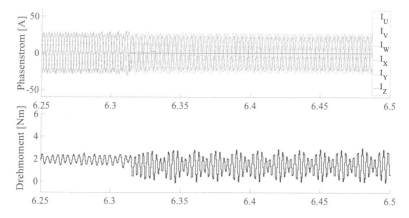

Abbildung 5.7:   Messung an D3P- Prototypen mit Phasenunterbrechung

DBC- Unterbrechung

Für die Unterbrechung eines der drei Endstufenmodule (kurz: DBC) ist eine Fallunterscheidung erforderlich. Während die konzeptionierte Partitionierung im Falle einer Unterbrechung von DBC 1 oder DBC 3 eine Unterbrechung bzw. Abschaltung der jeweiligen Teilmaschine nach sich ziehen wird (vgl. Skizze in Abbildung 5.8), sind bei einer Unterbrechung von DBC 2 sofort beide Teilmaschinen betroffen. Jeweils eine der drei Phasen ist unterbrochen und es wird sich ein 2 x 2- phasiger Betriebszustand einstellen, Abbildung 5.9. Ohne Adaptionen im Regler (Sollvorgaben) gelingt es dem System nur auf Kosten eines massiven Überstroms (~ Faktor 2) das geforderte Drehmoment im Mittel zu erreichen. Sowohl der Überstrom als auch die entstehende Drehmomentwelligkeit sind für die hier untersuchte Anwendung inakzeptabel. Um in diesem spezifischen Fehlerfall dennoch eine komfortable Restunterstützung bereitstellen zu können, ist bei der Phasenverteilung auf die drei DBC's eine Permutation vorgenommen wurden: Von dem mittleren DBC 2 werden die elektrische Phase W von Teilmaschine 1 und die um 120° dazu versetzte Phase X von Teilmaschine 2 versorgt. So ist sichergestellt, dass bei Verlust des zweiten Endstufenmoduls in beiden Teilmaschinen zusammen mindestens ein vollständiges Dreiphasensystem abbildbar ist. Welchen Vorteil diese Permutation

für den degradierten Betrieb bietet, wird im Rahmen der erläuterten Betriebsstrategie im folgenden Kapitel ersichtlich.

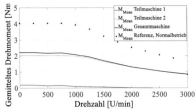 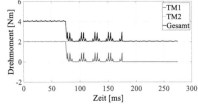

M(n)- Verlauf der Teilmaschine nach   Drehmoment nach Fehlerauf- (75 ms)
Fehlereintritt (vor Abschaltung)   und „Abschaltung" der TM 1 (175 ms)

Abbildung 5.8:   Unterbrechung DBC 1/3 zw. Endstufe und Zwischenkreis

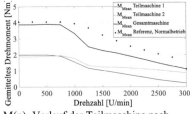 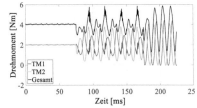

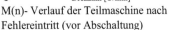

M(n)- Verlauf der Teilmaschine nach   Drehmoment nach Fehler (75 ms) &
Fehlereintritt (vor Abschaltung)   Abschaltung der Phasen W, X (175 ms)

Abbildung 5.9:   Unterbrechung von Modul 2 (zwischen ZK und Endstufe)

ZK- Unterbrechung

Die Unterbrechung eines Zwischenkreiskondensators muss für den Antrieb
zunächst keine unmittelbaren Folgen bezüglich der bereitstellbaren Leistung
haben. Die Kapazität dient zum einen als Energiespeicher zwischen DC- und
AC- Seite des Antriebssystems. Damit übernimmt er andererseits aber auch
eine Filterwirkung. Gehen diese Funktionalitäten infolge einer ZK- Unterbrechung verloren, zieht die Endstufe bzw. der Motor seine benötigte (elektrische) Leistung direkt aus dem Bordnetz des Kraftfahrzeuges. Die Folge ist
eine zunehmende Belastung und Störung des Bordnetzes durch Spannungs-
und Stromripple in Abhängigkeit der geforderten Last. Solange spezifizierte
Grenzen eingehalten sind, kann der Antrieb weiterbetrieben werden. Bei Über-
schreitung von Grenzen drohen die Abschaltung des Aktuators und damit der

unbedingt zu vermeidende plötzliche Verlust der Lenkunterstützung. Möchte man dies verhindern, ist der betroffene Teilantrieb (bei ZK1 oder ZK3- Fehler) abzuschalten (Unterbrechung/Einstellen der Schaltvorgänge) oder der Gesamtantrieb in einen „2 & 2"- Phasennotbetrieb zu überführen (bei ZK2- Unterbrechung). Es gelten dahingehend dieselben Begründungen wie zuvor bei den DBC- Unterbrechungen bereits erläutert.

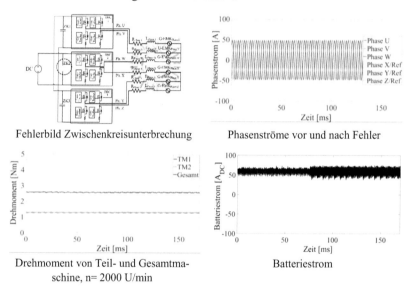

Fehlerbild Zwischenkreisunterbrechung   Phasenströme vor und nach Fehler

Drehmoment von Teil- und Gesamtma-   Batteriestrom
schine, n= 2000 U/min

Abbildung 5.10:   Unterbrechung eines Zwischenkreiskondensators

5.3.2   Kurzschlussfehler

Für ein System ohne Phasentrennvorrichtungen ist die Analyse von Kurzschlussfehlern besonders wichtig. Infolge der topologiebedingten permanenten Felderregung und der daraus resultierenden Spannungsinduktion (Gegen-EMK) in den Phasenwicklungen des Motors wird bei einem Kurzschlussfehler innerhalb des Wicklungssystems ein Kurzschlussstrom fließen. Dieser Kurzschlussstrom hat, wie zuvor bei der Unterbrechung erläutert, ein Bremsmoment mit Betriebspunkt- abhängiger Amplitude zur Folge. Zeitgleich können die Kurzschlussströme bei nicht sachgemäßer Auslegung des Systems unzulässige Amplituden überschreiten und damit Folgeschäden durch zu starke Strom- und Temperaturbelastungen verursachen.

Der Kurzschluss von Phasen bzw. von Phase zur Masse gilt als sehr unwahrscheinliches Fehlerbild. Es macht zunächst keinen Unterschied, ob dieser Kurzschluss im Inneren des Motors oder außerhalb im Bereich der Endstufe oder Zuleitungen erfolgt. Konstruktive Maßnahmen, wie

- die Definition und Einhaltung von (Sicherheitsabständen,

- die physische Isolation benachbarter elektrischer Phasen und

- die Entscheidung für konzentrierte Zahnspulenwicklungen (ohne Kreuzungen im Wickelkopf) reduzieren effektiv das Risiko einer kurzgeschlossenen Verbindung.

Eine Veranschaulichung der Systemreaktion auf einen kurzgeschlossenen Leistungshalbleiter (MOSFET) ohne anschließende Adaption ist in Abbildung 5.11 gegeben. In dem simulierten Modell wird zu einem bestimmten Zeitpunkt (nach 75 ms) der Kurzschlussfehler aufgeschaltet. Nahezu zeitgleich wird der Schaltvorgang des zugehörigen Lowside- MOSFETs unterbrochen um einen vollständigen Kurzschluss des Zwischenkreises bzw. Bordnetzes zu unterbinden. Infolge der zunächst unveränderten Sollwertvorgaben (i_d, i_q) und einer deaktivierten Strombegrenzung versucht der Regler durch Adaption der Stellgrößen (u_d, u_q) bzw. Schaltzeiten die geforderten Sollgrößen weiter zu stellen. Im Mittel gelingt ihm dies, wie am gezeigten Verlauf des Drehmoments zu erkennen ist. Allerdings würde auch in diesem Fall dazu ein unzulässig großer Strom mit einer um bis zu Faktor drei größeren Amplitude im Vergleich zum Nennwert für diesen Betriebspunkt benötigt. Die entstehende Welligkeit mit drehzahlabhängiger Frequenz ist zudem nicht akzeptabel für eine Lenkunterstützung. (Verweis auf Abschnitt 3.2.2)

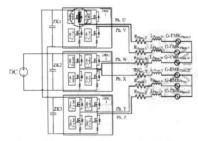

Kurzschluss eines Leistungshalbleiters

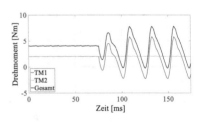

Drehmoment vor und nach Fehler

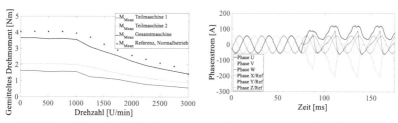

M(n)- Kennlinien ohne Maßnahmen   Phasenströme vor und nach Fehler

Abbildung 5.11: Kurzschluss eines Leistungshalbleiters in der Endstufe

Der Kurzschluss eines Zwischenkreiskondensators gilt erfahrungsgemäß als ein eher unwahrscheinlicher, dann aber sehr unangenehmer Fehlerfall. Sein mögliches Auftreten führt ohne ein vernünftiges Trenn- bzw. Abschaltkonzept auf DC- Seite zu einem direkten Kurzschluss des Bordnetzes. Ein massiver Kurzschlussstrom wird dazu führen, dass die Sicherung des Versorgungsnetzes auslöst und das Powerpack elektrisch von der Quelle trennt. Mit der fehlenden Eingangsleistung wird auch das Steuergerät in einen passiven Zustand übergehen. Was bleibt ist die Gegen- EMK der Synchronmaschine bei Betätigung des Lenkrades.

Mit dem Verlust der Versorgungsspannung wird sich nun auch das Zwischenkreis- bzw. Highside- Potential verändern, wie in der unten stehenden Abbildung 5.12 zu erkennen ist. Fehlende Phasentrenner und ein nach wie vor kurzgeschlossener Zwischenkreiskondensator ermöglichen und fördern mit zunehmender Motordrehzahl einen ansteigenden Strom über die parasitären Bodydioden aller Phasen. Die induzierten Phasenströme rufen im Motor ein drehzahlabhängiges Bremsmoment hervor. Damit die vorgeschlagene Antriebsarchitektur auch diesen Fehlerfall tolerieren kann, muss das Abschalten der Versorgung verhindert werden. Durch geeignete Maßnahmen in der Architektur kann auch nach diesem Fehlerfall mit einer softwaregestützten Betriebsstrategie eine Restunterstützung bereitgestellt werden, wie im nun folgenden Kapitel gezeigt wird. Phasentrenner alleine lösen den aufgezeigten Konflikt nicht: Auch sie könnten das Abschalten des Steuergerätes nicht verhindern, unterbinden nur ein in der Folge resultierendes Bremsmoment.

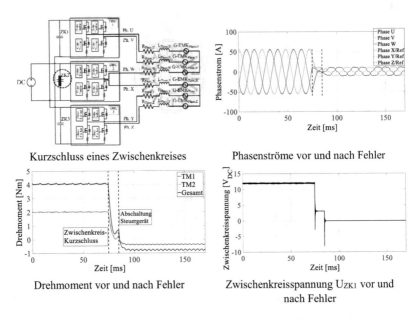

Kurzschluss eines Zwischenkreises   Phasenströme vor und nach Fehler

Drehmoment vor und nach Fehler   Zwischenkreisspannung U_{ZK1} vor und
                                                     nach Fehler

Abbildung 5.12: Kurzschluss Kondensator mit anschließender Abschaltung

6 Komfortoptimierter Betrieb nach Fehler

Der in den Grundlagen erläuterte Nachteil permanenterregter Synchronmaschinen im Fehlerbetrieb ist im vorhergehenden Kapitel mehrfach deutlich ge-
worden. Weil auf die Vorteile der PMSM unter Umständen dennoch nicht ver-
zichtet werden kann, muss Abhilfe geschaffen werden, um die Verlässlich-
keitsziele zu erreichen. Ein erstrebenswertes „Abschalten" der Permanent-
magnetwirkung ist nicht ohne weiteres möglich. Ein gezieltes Einprägen von
d- Strom zur Feldschwächung wird im Fehlerfall ebenso wenig umsetzbar sein
wie die teilweise oder vollständige Entmagnetisierung der Permanentmagneten durch kurzzeitiges Einprägen sehr großer Ströme in Situationen ohne Gefährdung (Stillstand, zu Beginn eines neuen Zündzyklus). Aus diesem Grund
werden im Folgenden verschiedene Lösungsansätze für fehlertolerierende
Kontrollstrategien vorgestellt und erläutert. Dabei wird hier davon ausgegan-
gen, dass das jeweilige Fehlerbild bereits identifiziert und diagnostiziert worden ist.

6.1 Strategien nach Unterbrechungsfehler

Aus dem vorangegangenen Kapitel geht hervor, dass Unterbrechungsfehler
primär mit einem Leistungsverlust einhergehen und sich nur durch die Beson-
derheit fehlender Phasentrenner ab einer bestimmten Drehzahl ein zusätzlich
bremsender Drehmomentanteil einprägen kann. Mit Blick auf das übergeord-
nete Ziel der Komfortoptimierung und den Ergebnissen der Fehleranalyse
wird aber auch klar, dass ganz ohne Maßnahmen ein zufriedenstellendes
(Rest-) Unterstützungsverhalten nicht abgesichert werden kann. Aus diesem
Grund werden in diesem Abschnitt vier Maßnahmen zum Umgang mit Unterbrechungsfehlern vorgestellt. Beginnend mit der naheliegenden „Abschaltung" des defekten Teilantriebes wird im Anschluss eine Methode vorgestellt,
um einen (zeitlich begrenzten) Boost- Betrieb zu ermöglichen. Auf gleiche
Weise kann auch ein sogenannter Fade- out für den Übergang vom fehlerfreien
zum degradierten Betrieb realisiert werden. Mit dem Ziel einer besseren Lastverteilung zwischen Teilmaschinen und/oder einer Reduktion der Drehmo-

© Springer Fachmedien Wiesbaden GmbH, ein Teil von Springer Nature 2019
N. Trümmel, *Verlässlichkeitssteigerung elektrischer Antriebe am Beispiel der
elektromechanischen Servolenkung,*Wissenschaftliche Reihe Fahrzeugtechnik
Universität Stuttgart, https://doi.org/10.1007/978-3-658-27806-9_6

mentwelligkeit wird an dritter Stelle ein Ansatz vorgestellt, welcher die verbliebenen Wirkmöglichkeiten beider Teilmaschinen kombiniert. Abschließend wird eine Herangehensweise erläutert, die speziell auf den Architekturbedingten Sonderfall eines Fehlers im oder am Endstufenmodul 2 eingeht und als 2&2- Phasennotlauf benannt ist.

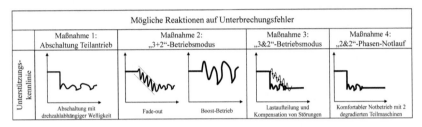

Abbildung 6.1: Betriebsstrategien nach Unterbrechungsfehler

6.1.1 Abschaltung der Ansteuerung eines Teilantriebes

Die zunächst einfachste Möglichkeit nach Erkennung des Unterbrechungsfehlers ist die Abschaltung des betroffenen Teilantriebes (Abbildung 6.2). Dazu werden zusätzlich zur unterbrochenen Phase auch die Leistungshalbleiter der verbleibenden zwei Phasen in der Endstufe nicht länger vom Treiberbaustein angesteuert. Die Maschine kann in diesem Fall nur noch maximal 50 % ihrer ursprünglichen Gesamtleistung bereitstellen (=Leistung einer Teilmaschine). Vorausgesetzt, dass eine Degradation auf die halbe Unterstützungsleistung mit der derzeitigen Betriebs- bzw. Belastungssituation konform ist (angeforderte Last kleiner gleich 50 %), bietet sich somit eine einfache Möglichkeit zur Fehlerbehandlung. Aufwendige Anpassungen oder Neuberechnungen in den Regelalgorithmen sind zunächst nicht erforderlich.

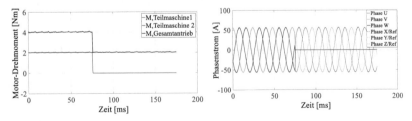

Abbildung 6.2: Moment und Phasenstrom bei Abschaltung Teilantrieb

Wie bereits zuvor erwähnt, liegt infolge der vorhandenen Bodydioden nicht zwingend eine physische Unterbrechung einer Phasenzuleitung vor. Infolge dessen kann sich, bedingt durch die drehzahlproportionale Gegen- EMK des Motors und in Abhängigkeit der Zwischenkreisspannung, ab einer systemspezifischen Rotationsgeschwindigkeit ein Stromfluss durch die Motorphasen und Teile der Endstufe einstellen; mit der Folge einer Drehmomentwelligkeit.

6.1.2   3 + 2- Phasennotbetrieb

Werden zum Zeitpunkt des Fehlereintritts bzw. dessen Erkennung größere Antriebsleistungen (>> 50 %) gefordert, könnte das harte Abschalten eines Teilantriebs zu einem plötzlichen Leistungsdefizit und in der Folge zu einem sprunghaften Anstieg des erforderlichen Lenkmoments führen. In diesem Fall ist durch das Implementieren eines „Fade- out" (schrittweise Leistungsreduktion) oder einen (Kurzzeit-) Boostbetrieb ein verzögerter Abschaltvorgang realisierbar. Bei dieser als „3 + 2- Phasennotbetrieb" benannten Betriebsstrategie werden für einen determinierten Zeitraum alle noch verfügbaren Phasen des Antriebs angesteuert, bis sich das Anforderungsprofil so einstellt, dass es sicher mit nur einem Teilantrieb erfüllt werden kann. Dazu wird nur die Ansteuerung des vom Fehler betroffenen Brückenzweiges bzw. der defekten Phase gestoppt, nicht aber der Betrieb von den beiden verbliebenen Phasen derselben Teilmaschine. Im Mittel ermöglicht der resultierende 3 + 2- Phasenbetrieb einen Leistungsanstieg von bis zu 25 % gegenüber der Abschaltung einer Teilmaschine. Der Kompromiss für diese Mehrleistung ist die resultierende Drehmomentwelligkeit, wobei diese in den Grenzen zwischen 50 und 100 % vom Drehmoment der Gesamtmaschine oszillieren kann, wie in nachstehender Abbildung 6.3 für eine relativ große Motordrehzahl angedeutet ist.

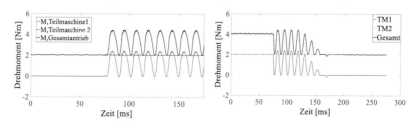

Abbildung 6.3: Simuliertes Drehmoment für Boost- (links) oder Fade- out- Betrieb (rechts)

Je kleiner die Drehfrequenz im System ist (Lenkgeschwindigkeit) und je mehr Last gefordert wird, desto deutlicher wird der Fahrzeugführer diese Welligkeit haptisch und unter Umständen auch akustisch wahrnehmen. Für einen kurzzeitigen Boostbetrieb oder ein Fade- out stellt dies jedoch unter Umständen eine annehmbare Verschlechterung dar.

Eine beispielhafte Realisierung des Fade- out ist ebenfalls in der Abbildung 6.3 (rechts) dargestellt. Wichtig im Zusammenhang mit der Umsetzung ist die Anpassung von Reglersollgrößen der vom Defekt betroffenen Teilmaschine eins. Ohne diese Adaption würde der Phasenstrom in der defekten Teilmaschine, insbesondere sichtbar im kleinen und mittleren Drehzahlbereich, über den Nennwert steigen, wenn der Regler nach wie vor versucht im Mittel das volle Drehmoment von 100 % einzustellen. (Vergleiche Simulationsergebnisse im Abschnitt 5.3.2).

6.1.3   „3 & 2"- Phasennotbetrieb

Wie in Abschnitt 4.3 bereits angedeutet, kann die derzeit favorisierte Aufteilung der beiden Teilmaschinen auf je eine Halbgeometrie im Fehlerfall (Abschaltung Teilantrieb) zu einer deutlichen Asymmetrie im Feldaufbau des Motors führen. Folgen wären unter Umständen spürbare Vibrationen und Geräuschemissionen, zum Beispiel infolge harmonischer Ordnungen der zweifachen Polpaarzahl (bei der 12/10 entsprechend eine 10. Ordnung) aus dem defekten Aktuator. Des Weiteren kann auch die angesprochene Mehrbelastung der intakten Teilmaschine ein Grund sein, um in besonders lastintensiven Situationen (z.B. langer Parkierzyklus, Berg- und Passfahrten) eine kurzzeitige Entlastung durch Verteilung der Leistungsanteile herbeizuführen. Im Gegensatz zu dem Ziel des Boostbetriebs, bei der die beiden Teilmaschinen auch unabhängig voneinander geregelt/ gesteuert sein können, lässt sich eine Abwandlung der erläuterten „3 + 2"- Strategie einsetzen, um eine möglichst optimale Last- und Feldverteilung im Motor zu erzielen. Dieser Ansatz, im Folgenden als „3 & 2"- Phasenbetrieb bezeichnet, setzt ebenfalls die fünf verbliebenen Phasen ein. Dazu werden die beiden Teilantriebe nun als ein virtuelles Gesamtsystem betrachtet, das in Summe eine konstante Leistung bereitstellen muss. Die Phasen der intakten Teilmaschine kompensieren winkelabhängig fehlende Leistungs- bzw. Drehmomentanteile des defekten Teilantriebes und reduzieren ihre Abgabeleistung in anderen Winkellagen, wo der defekte, zweiphasige Teilantrieb sein Maximum an Leistung zur Verfügung stellen kann.

Das Prinzip ist veranschaulicht in Abbildung 6.4. Im nachfolgenden Unterkapitel 6.3 wird genauer auf die Umsetzung und Ergebnisse der als „inversen
Kompensation" beschriebenen Methode eingegangen.

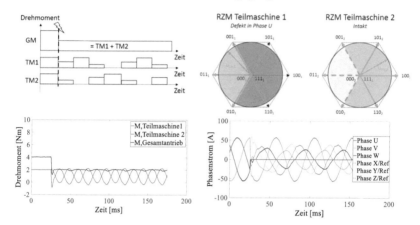

Abbildung 6.4: Prinzip und beispielhafte Charakteristik des „2 & 2" Phasennotbetriebes

Unter dem Strich steht bei Vorgabe eines möglichst wellenarmen Drehmoments eine maximal mögliche Unterstützungskraft von 50 % des ausgelegten
Nennwertes zur Verfügung. Bei Zulässigkeit definierter Drehmomentwelligkeiten wären im Mittel auch größere Unterstützungskräfte möglich.

6.1.4   „2 & 2"- Phasennotlauf

Der vierte Lösungsansatz bezieht sich auf den Sonderfall eines Fehlers im Modul 2 der Endstufenarchitektur, ist aber für andere Notbetriebe, wie die im vo-
rangegangen Abschnitt beabsichtigte Lastaufteilung, auch denkbar. Bei einem
Unterbrechungsfehler z.B. in der Zuleitung des Endstufenmoduls sind aufgrund der vorgeschlagenen Phasenpermutation sofort beide Teilmaschinen betroffen, wie die nachstehende Abbildung 6.5 verdeutlicht.

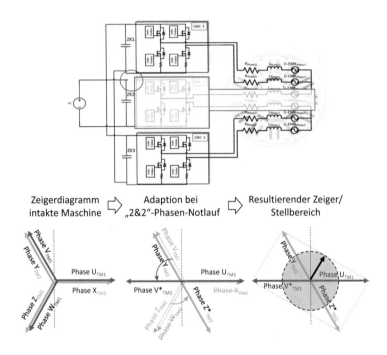

Abbildung 6.5: Prinzipskizze DBC2- Unterbrechung und Adaption der Stromzeiger

Die Permutation der Phasen bei der Aufteilung auf die drei Endstufenmodule ist so gewählt, dass elektrisch unterschiedliche Phasen beider Teilmaschinen, in der vorliegenden Nomenklatur sind dies die Phasen W und X, durch dieses mittlere Modul (DBC2) versorgt werden. Dies hat im Fall der Trennung bzw. Abschaltung den Vorteil, dass mit den verbliebenen vier Phasen vektoriell ein vollständiger Vierquadranten- Betrieb darstellbar ist. Per Definition liefert jedes der beiden zweiphasigen Teilsysteme ein pulsierendes Drehmoment in Analogie zu den Ausführungen im vorergehenden Abschnitt. Für eine optimale Restunterstützung ist eine Synchronisation der beiden Teilantriebe bzw. ihrer verbliebenen Phasen daher unerlässlich.

Die Beschreibung der elektrischen Verhältnisse basiert auf deren drei charakterisierenden Parametern Amplitude, Frequenz sowie Phasenlage in Referenz zu einem Rotorlagewinkel. Die Definition dieser freien Parameter in Abhängigkeit vom Fehlerzustand stellt ein Optimierungsproblem dar, bei dem durch

Variation der Parameter optimale Lösungen im Sinne der Zielkriterien bestimmt werden können. Zu solchen Kriterien gehören beispielsweise das Drehmoment (→ MAX) oder die Drehmomentwelligkeit (→ MIN). Durch den Bezug auf die Rotorposition sind die folgenden Betrachtungen frequenzunabhängig. Aus dem Zusammenhang von Stromamplitude und erzielbarem Drehmoment kann der Parameter Stromamplitude entsprechend der Zieldefinition bestimmt werden. Geht man von einer definierten Rotoranfangsposition aus, reduziert sich das Optimierungsproblem auf den Parameter „Phasenlage" unter Beachtung der Verschaltung. Das hier realisierte Vorgehen veranschaulicht die nachstehende Abbildung 6.6.

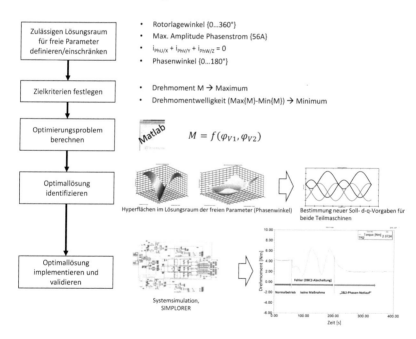

Abbildung 6.6: Vorgehensmodell zur Ermittlung der optimalen Phasenlage bei „2 & 2"- Phasennotbetrieb

Im Ergebnis der Variationen ergeben sich adaptierte Sollgrößenverläufe, die beispielsweise einem Regler als neue Sollgrößen zugeführt werden oder direkt als Vorgabe zur Steuerung des Antriebs dienen können. Mit optimalen Phasenverschiebungswinkeln φ_{V1} und φ_{V2} kann die Welligkeit minimal und gleichzeitig das mittlere Moment möglichst groß eingestellt werden. Auf Basis der vorliegenden Maschineneigenschaften ergibt sich eine erforderliche Phasenverschiebung der Referenzphasen um $(\varphi_{v1} ; \varphi_{v2}) = (-\pi/30 ; -\pi/30)$, um unter den betrachteten Bedingungen ein konstantes Drehmoment von ca. 2 Nm ($\approx$ 50 % des Nominalmoments der Maschine) zu erzielen.

Im Hinblick auf die angesprochene Qualität der Restunterstützung zeigt die folgende Abbildung 6.7 den Radialkraftverlauf auf Statorzähne entlang des Luftspalts für den Normalbetrieb (1), den Betrieb mit nur einer Teilmaschine nach Abschaltung (2), den Boostbetrieb mit einer 3 + 2- Phasenstrategie (3) sowie den 2 & 2- und 3 & 2- Phasenbetrieb (4). Aus den Abbildungen ist erkennbar, dass zwar eine symmetrische Lastverteilung mit keiner der Maßnahmen erreicht, wohl aber eine Beeinflussung der Verteilung vorgenommen werden kann.

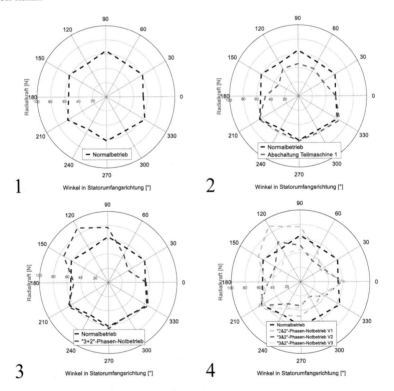

Abbildung 6.7: Räumliche Radialkraftverteilung in Abhängigkeit von der Betriebsstrategie

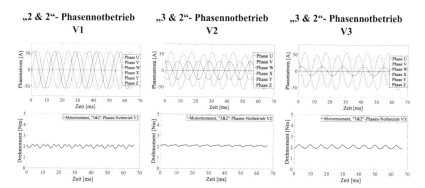

Abbildung 6.8: Simulierte Varianten Notbetriebe; V2 mit 25 %-, V3 mit 12,5 %- Leistungsbeitrag der TM1

Zusammenfassend lassen sich für die Behandlung relevanter Unterbrechungsfehler folgende Maßnahmen ableiten. Die simulierte Abschaltung einer Teilmaschine stellt eine einfache Möglichkeit zur Fehlerbehandlung dar. Im Mittel stehen 50 % Unterstützungskraft bzw. Leistung zur Verfügung, was nach Analyse zu den Anforderungen formal ausreichend erscheint. Durch die vorhandenen parasitären Bodydioden und fehlende Phasentrennvorrichtungen wird es in Abhängigkeit von der Systemarchitektur und dem Betriebszustand zu Fehlerströmen und Drehmomentwelligkeiten bei steigender Drehzahl kommen. Dieser Nachteil und ein unter Umständen kurzzeitig größerer Leistungsbedarf (für den Übergang in den degradierten Betrieb oder das komfortable Einparken) erfordern die Betrachtung weiterer Strategien. Während der „3+2"- Phasennotlauf auf die Sicherheit und den Komfort abzielt, stellen der „3 & 2"- bzw. „2 & 2"- Phasennotlauf eine mögliche Strategie zur Entlastung bzw. dem Schutz und der akustischen Performance des Antriebs dar.

6.2 Strategien nach Kurzschlussfehler

In Abschnitt 5.3.2 wurde bereits erwähnt, mit welchen grundlegenden Designmaßnahmen Kurzschlussfehler innerhalb der elektrischen Maschine wirkungsvoll ausgeschlossen werden können. Diese und die Praxiserfahrungen führen dazu, dass im Rahmen dieser Arbeit nur auf Kurzschlussfehler einge-gangen wird, deren Ursache außerhalb des Elektromotors begründet liegen.

Einer dieser Fehler ist der bereits charakterisierte Kurzschluss eines Leistungs-halbleiters. Ob der Defekt unmittelbar am Bauteil auftritt oder indirekt über einen Fehler im Endstufentreiber bzw. des Gate- Signals verursacht wird, ist für das unmittelbare Fehlerbild zunächst unerheblich. In beiden Fällen muss eine schnelle und effektive Systemreaktion initiiert werden. Ein Fehler in der Ansteuerung tritt unter Umständen nur kurzfristig oder einmalig auf und kann durch einen Reset vielleicht behoben werden. Permanente Fehler, wie im Fall eines durchlegierten MOSFET, müssen dagegen durch eine komplexere Stra-tegie behandelt werden, um kritische bzw. schädigende Auswirkungen zu un-terbinden. Hierzu werden im Folgenden für die Architektur ohne Phasentren-ner drei Ansätze vorgestellt und diskutiert. Alle haben das Ziel, trotz eines Kurzschlusses einen degradierten Betrieb zu ermöglichen.

6.2.1 Aktiver Kurzschlusses in einem Teilantrieb

Um den Betrieb des Systems auch ohne Phasentrennvorrichtungen nach einem Kurzschlussfehler sicherzustellen, ist es erforderlich den Antrieb in einen si-cheren und kontrollierbaren Zustand zu überführen und ihn dort zu halten. Dies gelingt in einem dual- 3- Phasensystem zum Beispiel durch das Überfüh-ren des fehlerhaften Teilantriebes in einen stabileren Zustand und zeitgleiche Nutzung der zweiten, noch intakten Antriebseinheit, um etwaige Bremsmo-mente und gegebenenfalls sogar Drehmomentwelligkeiten zu kompensieren. Voraussetzung dafür ist, dass das verfügbare Unterstützungsmoment des in-takten Teilantriebs gleich oder größer ist als die Summe aus dem Bremsmo-ment der defekten Teilmaschine plus der geforderten Restunterstützung von ~35 %.

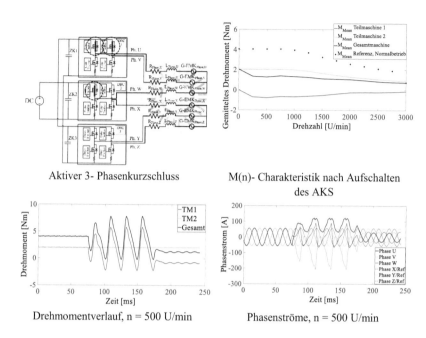

Aktiver 3- Phasenkurzschluss

M(n)- Charakteristik nach Aufschalten des AKS

Drehmomentverlauf, n = 500 U/min

Phasenströme, n = 500 U/min

Abbildung 6.9: Performance nach einem FET- Kurzschluss und Umschaltung auf 3- phasigen Kurzschluss

Ein vergleichsweise stabiler Betriebszustand kann in einem Teilantrieb durch das Aufschalten eines symmetrischen 3- Phasenkurzschluss erreicht werden (vergleiche Abbildung 6.9). Dazu werden alle High- oder Lowside- Transistoren der betroffenen und hier untersuchten B6- Brückenschaltung einer Teilmaschine dauerhaft durchlegiert (simulierter Kurzschluss) und die zugehörigen Low- bzw. Highside- Transistoren zeitgleich unterbrochen, um den Zwischenkreis- bzw. Bordnetzkurzschluss zu verhindern. Der allphasige Kurzschluss führt zur Ausbildung eines idealisiert symmetrischen 3- Phasensystems, welches durch eine natürliche Begrenzung der Stromamplituden und ein in stationären Betriebspunkten relativ konstantes Bremsmoment charakterisiert ist. Bei Analyse über den gesamten Drehzahlbereich ergibt sich eine Strom- und Bremsmomentcharakteristik, wie sie in Abbildung 6.10 für eine dreiphasige Permanentmagnet erregte Synchronmaschine (oder auch Teilmaschine) erkennbar ist.

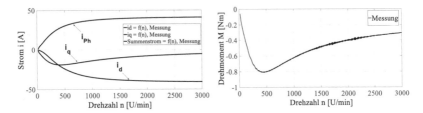

Abbildung 6.10:   Gemessene Kurzschlussströme und mittleres Bremsmoment einer Teilmaschine (12/10-V1)

Charakteristisch an den Verläufen ist zum einen der Drehzahlpunkt mit dem
maximalen Bremsmoment bzw. minimalem q- Strom. Dieser Betriebspunkt
liegt für den hier untersuchten Motor im Grunddrehzahlbereich unterhalb des
Bemessungspunktes. Mit steigender Drehzahl nehmen Bremsmoment bzw. q-
Strom- Amplitude ab und nähern sich asymptotisch einem Wert nahe Null.
Gleichzeitig ist auch über den gesamten Drehzahlbereich bei d- Stromkomponente und resultierendem Phasenstrom eine asymptotische Annäherung der induzierten Stromamplituden an jeweils einen Maximalwert erkennbar. Dieser
Grenzwert liegt im vorliegenden Fall unterhalb der Nennstromamplitude, was
sich nachweislich positiv auf die Charakteristiken bzw. das Bremsmoment im
Fehlerfall auswirkt.

Die Ausprägung der Charakteristiken ist eng mit den designspezifischen Mo-
torparametern und ihrem nichtlinearen Verhalten in Abhängigkeit vom Betriebspunkt verbunden, wie später noch gezeigt wird. Anhand des Vergleiches
von Messergebnissen für die verschiedenen, eingangs vorgestellten Motortopologien ist an dieser Stelle nochmals begründet, warum die gewählte Topologie (12/10-V1) als zielführendes Design ausgewählt worden ist (Abbildung
6.11). Im Vergleich weist dieses Motordesign über nahezu den vollen Drehzahlbereich das geringste Bremsmoment auf. Mit Blick auf die Anforderung
an die erforderliche Restunterstützung ist dies unter Umständen ein weiterer
und entscheidender Vorteil (neben der geringen elektromagnetischen Kopplung), wenn es um die Darstellung eines fehlertoleranten Antriebes ohne Phasentrennvorrichtungen geht.

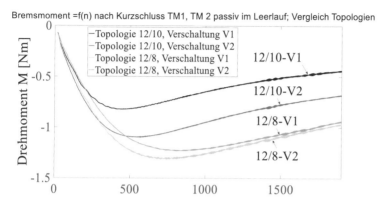

Abbildung 6.11: Vergleich des Bremsmoments einer Teilmaschine nach 3-Phasenkurzschluss je untersuchter Topologie

Mit der Kenntnis der drehzahlvariablen Motorparameter lassen sich die Strom- und Momentverläufe auch analytisch beschreiben. Die stationären, transformierten Kurzschlussströme $i_{d,SSC}$ und $i_{q,SSC}$ ergeben sich für unterschiedliche konstante Motordrehzahlen aus den folgenden Gleichungen:

$$i_{d_{SSC}} = -\frac{\omega_e^2 \cdot L_q \cdot \psi_{PM}}{\omega_e^2 \cdot L_d \cdot L_q + R_S^2} \quad [A]$$

$$i_{q_{SSC}} = -\frac{\omega_e \cdot R_S \cdot \psi_{PM}}{\omega_e^2 \cdot L_d \cdot L_q + R_S^2} \quad [A]$$

Gl. 6.1

Durch die Berücksichtigung der Nichtlinearität in den Motorinduktivitäten $L_d, L_q = f(i_d, i_q)$ kann eine deutlich größere Genauigkeit der analytischen Lösung erzielt werden, wie die Vergleiche in Abbildung 6.12 veranschaulichen.

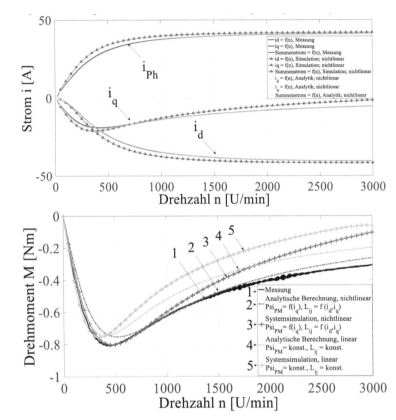

Abbildung 6.12:   Vergleich von Kurzschlussstrom und Bremsmoment aus
                       Analytik, Simulation und Messung

In den Vergleichen ist erkennbar, dass mit der analytischen Lösung und in
Abhängigkeit der Parameterqualität eine sehr genaue Vorhersage der zu er-
warteten Kurzschlussstrom- Komponenten getroffen werden kann. Mit den
aus der FEM- Berechnung gewonnenen, Induktivitäten kann die Stromcharak-
teristik über den gesamten Arbeitsbereich mit < 1 % Abweichung genau abgeschätzt werden. Auch die anschließend in der Systemsimulation berechneten
Charakteristiken geben die messtechnisch gewonnenen Verhältnisse gut wieder. Anhand der Bremsmomentcharakteristik lässt sich der Unterschied zwischen linearer und nichtlinearer Modellierung deutlich erkennen und rechtfer-
tigt die Verwendung der Berechnung in der Systemsimulation. Der gezeigte

Vergleich von Bremsmomentkennlinien (Drehmoment über Drehzahl) nach 3-phasigem Kurzschluss einer Teilmaschine (2. TM ist passiv) weist auf eine gute Übereinstimmung von Messung und analytischer bzw. simulativer Berechnung hin. Während die Simulation mit der verwendeten Parametrisierung bis ca. 1000 U/min eine sehr gute Übereinstimmung aufweist, lässt sich das Motorverhalten im Bereich von 700 bis ca. 2000 U/min mit der analytischen Lösung sehr gut beschreiben. Abweichungen mit steigender Drehzahl sind zum einen in den nicht vollständig beschriebenen Nichtlinearitäten begründet (Wirbelstromverluste, frequenzproportionale Ummagnetisierungsverluste, Temperatureinfluss, Sättigung etc.). Andererseits sind auch Prüfstandseinflüsse (z.B. drehzahlabhängige Reibmomente) nicht ausreichend in der Simulation/Analytik berücksichtigt. Eine Applikation der analytischen Berechnungsvorschriften und des Simulationsmodells (inkl. des reduzierten Ordnungsmodells des Motors) ist für den interessierenden Grunddrehzahlbereich damit verifiziert.

Während der Betrag der q- Stromamplitude nach dem Extrempunkt wieder sinkt, steigt der d- Strom betragsmäßig bis zu einem spezifischen Grenzwert, der sich mittels Gl. 6.2 abschätzen lässt.

$$i_{d_{SSC}} \approx -\frac{\psi_{PM}}{L_d} \ [A] \qquad\qquad \text{Gl. 6.2}$$

Die Berechnung des Brems-/ Drehmoments für einen 3- phasigen Teilantrieb unter Berücksichtigung einer vorhandenen Reluktanz ($L_d < L_q$; bei der 12/10-V1 vorhanden) erfolgt mit der Gleichung Gl. 6.3 und führt auf den charakteristischen Verlauf für das hier betrachtete Fehlerbild. (Vergleiche vorstehende Abbildungen)

$$M_{SSC} = \frac{\frac{3}{2} \cdot p \cdot R_S \cdot \psi_{PM}^2 \cdot \omega_e}{\omega_e^2 \cdot L_d \cdot L_q + R_S^2} \cdot \left(-1 + \omega_e^2 \cdot \frac{(L_d - L_q) \cdot L_q}{\omega_e^2 \cdot L_d \cdot L_q + R_S^2} \right) \ [Nm] \qquad \text{Gl. 6.3}$$

Der Betriebspunkt mit dem maximal auftretenden Bremsmoment kann schließlich über die Gleichung Gl. 6.4 mithilfe der Motorparameter abgeschätzt werden.

$$n_{SSC} = \frac{60 \cdot R_S}{2\pi \cdot p \cdot \sqrt{L_d \cdot L_q}} \quad [rpm]$$

Gl. 6.4

Mit Hilfe der Berechnungen, Simulationen und Messungen ist ein maximales Bremsmoment von ca. -0,8 Nm bei einer Drehzahl von ca. 400 U/min ermittelt worden. Zusammen mit dem gleichzeitigen Verlust von ca. 2,0 Nm Unterstützungsmoment (Nennmoment einer intakten Teilmaschine) ergibt sich in Summe ein Verlust von ca. 2,8 Nm, die dem defekten, dual- 3- phasigen Antrieb im kritischsten Betriebspunkt zum Nennbetrieb fehlen. Dies entspricht einem maximalen Verlust von ca. 70 % bzw. einem verbleibenden LeOA von knapp 30 % im genannten Betriebspunkt bei ca. 400 U/min; vorausgesetzt der intakte Teilantrieb kann seine volle Nennleistung weiter bereitstellen. Die Abbildung 6.13 visualisiert eine gemessene Charakteristik für das mittlere verfügbare Unterstützungsmoment im degradierten Betrieb. Die zusätzlich zur gemessenen Kennlinie eingetragene Grenzkennlinie für verschiedene Level of Assist verdeutlicht, dass mit dem vorliegenden Motor und dem Aufschalten des symmetrischen Kurzschlusses in der defekten Teilmaschine die zuvor in den Anforderungen spezifizierte Grenze von 35 % nicht über den gesamten Drehzahlbereich eingehalten werden kann.

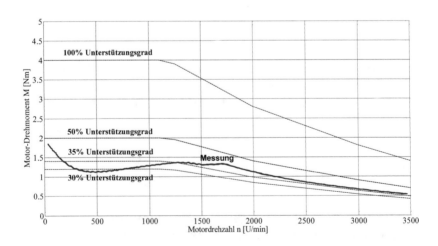

Abbildung 6.13:   M(n)- Charakteristik des D3P- Motors in 12/10- Topologie mit 3- Phasenkurzschluss in TM 1

Zu erkennen ist, dass die gemessene Charakteristik des Motors für einen relativ großen Drehzahlbereich nicht nur unter die angestrebten 35 %, sondern kurzzeitig auch knapp unter die als Mindestgrenze ermittelten 30 % Unterstützungsgrad fällt. Gründe für die Diskrepanz sind vielschichtig und können unter anderem auf die getroffenen Vereinfachungen in den bisherigen Berechnungen und Simulationen zurückgeführt werden. Räumliche Sättigungseinflüsse, Verhältnisse im Wickelkopf, wie auch Verluste oder Inhomogenitäten sind nur mit hinreichender Genauigkeit ermittelbar. Für eine mögliche Umsetzung und Bewertung der geschilderten Betriebsstrategie ergeben sich im Folgenden zwei wesentliche Handlungsansätze:

1. Diskussion der 30 %- Abschätzung

Die Anforderung von mindestens 30 %- LeOA für ein beherrschbares Führen von Kraftfahrzeugen basierte aus verschiedenen Fahrversuchen und Untersuchungen (vgl. Kapitel 3.2.1). Bereits dort wurde festgestellt, dass dieser Wert tendenziell eher eine obere Grenze darstellt, um für alle (untersuchten) Fahrzeuge gültig zu sein. Das Fahrzeug mit den größten Lenkachslasten bestimmt maßgeblich diesen Wert. Die Analysen und auch die Probandenstudie haben zudem gezeigt, dass bei vielen der Fahrzeuge und auch Probanden weniger Lenkunterstützung erforderlich war; die definierte Beherrschbarkeit somit auch bei weniger als 30 %- LeOA per Definition gegeben wäre. Dies bedeutet für einen Teil der Fahrzeugklassen könnte die Methodik des aktiven Kurzschlusses ohne Modifikationen am derzeitigen Architekturvorschlag einsetzbar sein, für andere ist sie unter Umständen grenzwertig oder nicht ausreichend. Für eine dahingehende Einschätzung sind tiefergehende Betrachtungen auf Systemebene erforderlich.

2. Anpassungen/ Optimierungen im Motordesign

Mit Blick auf die grundlegenden Motorgleichungen liegt es nahe ein elektromagnetisches Design zu definieren, das charakterisiert durch seine Parameter R und L geeignet ist, die geforderten Eigenschaften im Normal- und Fehlerbetrieb zu erreichen. Die Vergrößerung von Streuflussanteilen im Magnetkreis, die Reduzierung der Permanentmagnet- Flussverkettung oder die Modifikation des Wicklungsdesigns sind drei denkbare Maßnahmen zur Beeinflussung des Kurzschlussverhaltens. Allerdings sind diese Designveränderungen wiederum auf Systemebene zu bewerten, da sie in der Regel auch die Motorgeometrie und Normalbetriebseigenschaften maßgeblich beeinflussen. Als Basis für solche Überlegungen werden hierzu einige Analysen zum prinzipiellen Einfluss der Designvariablen R_{Ph}, L_d und L_q durchgeführt und vorgestellt.

Die Veränderung des Phasenwiderstandes R_{Ph} bewirkt eine Verschiebung des Drehzahlpunktes mit maximalem Bremsmoment hin zu kleineren (Widerstand nimmt ab) oder größeren Drehzahlen (Widerstand wird größer). Gleichzeitig beeinflusst der Widerstand auch die Ausprägung der Bremsmomentcharakteristik. Mit kleiner werdendem Phasenwiderstand verkleinert sich der glockenförmige Bereich um den Punkt des maximalen Bremsmoments. Drehmoment- bzw. Bremsmomentgradienten sind dadurch deutlich größer und sorgen dafür, dass sich die Hauptbremswirkung auf einen kleineren Drehzahlbereich beschränkt. Auf die Amplitude des maximalen Bremsmoments ist keine signifikante Beeinflussung erkennbar, wie Abbildung 6.14 zeigt. Erreicht werden kann eine Widerstandsänderung z.B. durch Veränderung des Drahtquerschnittes, die Anpassung der Windungszahl, Verkleinerung des Wickelkopfes oder beispielsweise die Optimierung von Verschaltungen (geringere Übergangswiderstände).

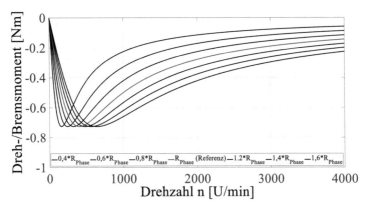

Abbildung 6.14:   Einfluss des Phasenwiderstandes auf das Bremsmoment

Die Induktivität in d- Achsenrichtung beeinflusst die Amplitude und Lage des maximalen Bremsmoments. Je größer die Induktivitätskomponente ist, desto geringer ist die maximale Amplitude und desto kleiner ist die Drehzahl, bei der sie auftritt. In der anderen Richtung (kleiner werdende d- Induktivität) sollte ein bestimmter Wert nicht unterschritten werden. Ab diesem Grenzwert nimmt die Amplitude des Bremsmoments nichtlinear zu.

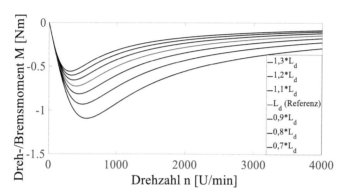

Abbildung 6.15: Einfluss der d- Induktivität auf das Bremsmoment

Für die Induktivität in q- Achsen- Richtung ist in einem weiten Wertebereich kaum ein signifikanter Einfluss auf das Bremsmomentverhalten zu beobachten.

Eine wesentliche Möglichkeit zur Beeinflussung der Induktivität besteht in einer Variation von Polgeometrien im Stator und Rotor. Dabei werden z.B. die Breite und Tiefe der Nutöffnungen variiert und die Wirkungen der daraus resultierenden Veränderungen im magnetischen Widerstand beeinflusst. Dieser magnetische Widerstand wirkt unmittelbar auf die Flussverteilung und „reguliert" den Anteil von dreh- bzw. feldbildendem Hauptfluss sowie parasitären Streuflüssen. Je größer der Streuflussanteil im Kurzschlussfall ist, desto weniger Fluss der Permanentmagneten steht in Wechselwirkung mit den Statorspulen und desto weniger Spannung bzw. Strom wird induziert. Ein größerer Streuflussanteil ist daher vorteilhaft für die Begrenzung bzw. Reduzierung des Bremsmoments. Für den Normalbetrieb hingegen bedeuten größere Streuflussanteile eine direkte Zunahme von Verlusten.

Sind die Betriebsstrategie des aktiven Kurzschlusses und/oder die Maßnahmen zur Optimierung der Maschinenparameter nicht ausreichend bzw. stehen sie im Konflikt zu anderen Optimierungszielen (z.B. kleiner Bauraum, größte Leistungsdichte), dann ist unter Umständen die Anwendung von oder Kombination mit anderen Betriebsstrategien erforderlich. Diese alternativen Strategien sollten idealerweise im niedrigen bis mittleren Drehzahlbereich

wirksam werden, wo beim Dreiphasenkurzschluss das maximale Bremsmoment auftritt. Im oberen Drehzahlbereich stellt der dreiphasige Kurzschluss
eine zufriedenstellende Maßnahme mit nahezu konstantem und relativ kleinem
Bremsmoment dar.

6.2.2   „3 & 2"- Phasennotbetrieb nach Kurzschluss

Das Abschalten des defekten Teilantriebes bzw. der Stopp in der Ansteuerung
nach Kurzschluss einer Phase/ eines FETs unterbindet nicht den Kurzschlussstrom. Dieser bildet sich ab Drehzahl Null aus, steigt mit zunehmender Drehzahl an, kann Werte größer Nennstrom erreichen und fließt über den kurzgeschlossenen FET und die Bodydioden auch in andere Phasen der Teilmaschine. Das resultierende Bremsmoment bzw. dessen Oszillation sind ohne
Maßnahmen für den Fortbetrieb des Antriebs unzulässig. Stattdessen kann versucht werden durch die richtige Kommutierung der verbliebenen zwei Phasen
eine Reduktion bzw. im Zusammenspiel mit den drei Phasen der intakten Teilmaschine eine Kompensation der Bremsursache und -wirkung zu erzielen. Ein
Ansatz dazu kann es sein die Reglersollgrößen (i_{dRef} und i_{qRef}) in der defekten
Teilmaschine nach Erkennung des Fehlerbildes „FET- Kurzschluss" zu
modifizieren. Der drehmomentbildende Anteil des Stromes i_q wird auf Null
gesetzt. Wird keine Drehmomentwirkung gefordert, wird von außen auch
keine entsprechende Spannung an den Motorklemmen angelegt. Der
feldbildende Stromanteil i_d kann je nach erforderlicher Feldwirkung definiert
werden. Aufgrund des Kurzschlusses und der drehzahlabhängigen
Kurzschlussströme wird am Reglereingang der Teilmaschine 1 mit den
adaptierten Regelgrößen eine Regeldifferenz in Erscheinung treten. Diese
Differenz ist eine bleibende, da das verbliebene System aufgrund des Fehlers
nicht mehr alle benötigten Freiheitsgrade besitzt um die Störwirkung zu
unterbinden. Aus einer Betrachtung am Ersatzschaltbild bzw. einer
Potentialanalyse wird erkennbar, dass es bestimmte Roterlagen gibt, in denen
keine Kompensation möglich ist. In all den anderen Rotorlagen kann aber der
Regler 1 zu einer „Dämpfung" des Kurzschlussverhaltens eingesetzt werden.
(Schritt 1) Auf das resultierende Lastregime der defekten Teilmaschine 1 wird
eine weitere Methode angewandt, um optimierte Referenzwerte für den Regler
der Teilmaschine 2 zu bestimmen. (Schritt 2) Die Idee und Umsetzung der als
„inversen Kompensation" benannten Maßnahme wird im folgenden Kapitel
6.3 ausführlich hergeleitet und beschrieben.

Das Ergebnis für einen so beschriebenen „3 & 2"- Phasennotbetrieb zeigt die nachfolgende Abbildung 6.16 für eine stationäre Drehzahl von 500 U/min. Dabei handelt es sich in etwa um die Drehzahl, bei der sich im aktiven, dreiphasigen Kurzschluss das maximale Bremsmoment ausgebildet hat. Das Simulationsergebnis zeigt unter Einhaltung der maximal zulässigen Phasenstromamplituden eine mittleres Summenmoment von ca. 1,5 Nm bzw. knapp über 35 % des Nominalmoments.

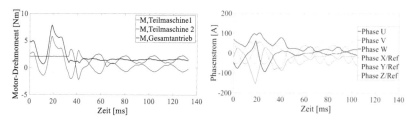

Abbildung 6.16: Drehmoment und Phasenströme nach Kurzschluss und Adaption beider Regelkreise (ab 35 ms)

6.3 Inverse Kompensation

Basis für diese Betriebsstrategie ist ebenfalls wieder die Rückführung eines n x 3- phasigen Systems auf ein dreiphasiges Basissystem, was insofern gerechtfertigt ist, da sich alle 3- phasigen Teilmaschinen den gleichen magnetischen Kreis teilen. Für die Umsetzung ist die Kenntnis bzw. Zuführung von Strommesswerten aus allen Teilmaschinen essentiell (auch aus defekten Teilmaschinen). Die als „inverse Kompensation" bezeichnete Methodik wird gestartet, wenn das Gesamtsystem Anomalien in einer Teilmaschine feststellt und eindeutig zuordnen kann (z.B. durch den Vergleich von Ist- d-/q- Werten mit modellbasierten Sollwerten). Mit der Kenntnis, welcher der Tcilantriebe defekt bzw. gestört ist und den zugehörigen Strommesswerten lässt sich ein aktuelles Fehlermoment dieses Teilantriebs berechnen. Die Ansteuerung wird daraufhin derart angepasst, dass die intakten, verbliebenen Teilantriebe (im 2 x 3- Fall nur einer) dieses Fehlermoment kompensieren, indem unter Verwendung der Motorparameter und dem aktuellen Fehlerstrom direkt neue Sollstromverläufe für die intakten Teilmaschinen berechnet werden.

Die Kompensation wird insbesondere durch die Leistungsfähigkeit der verbliebenen Teilsysteme und geltenden Stromgrenzen im Antrieb beschränkt.
Die Lage und Ausprägung des zulässigen Anwendungsbereiches werden
durch mehrere Parameter bestimmt. Neben den obligatorischen Motorparame-
tern (R, L, ψ_{PM}, p) sind es zwei Stromgrenzen; je eine für den Strangstrom der
intakten Teilmaschine und eine für den maximal zulässigen Fehlerstrom, be-
vor Schutzmaßnahmen in der ECU ergriffen werden. Darüber hinaus fließen
aus dem Lenkungsregler das geforderte Solldrehmoment und die zugehörigen
Referenzwerte für den d- und q- Strom der FOR mit in die Berechnung ein.

Die Maßnahme der inversen Kompensation ist –insbesondere in Kombination
mit anderen Maßnahmen- für einige der behandelten Fehlerbilder ein vielver-
sprechender Ansatz. Insbesondere im Bereich kleiner bis mittlerer Drehzahlen
könnte sie, wie im vorhergehenden Abschnitt gezeigt, eine Alternative zum
symmetrischen Dreiphasenkurzschluss darstellen. Darüber hinaus ist sie aber
auch für alle Fehlerfälle einsetzbar, in denen nur kleine Fehlerstromamplitu-
den auftreten, also in Situationen, in denen beispielsweise nicht-ideale Fehler
zu Störungen führen. Eher selten sind in der Realität unmittelbar ideale Unterbrechungen oder Kurzschlüsse zu beobachten. Häufiger gehen den idealen
Fehlerbildern langsame Veränderungen z.B. von Übergangswiderständen vo-
raus, sei es durch Alterungs- und Verschleißprozessen oder infolge von loka-
len Schädigungen. Für solche Fälle lässt sich der Lenkunterstützungskomfort
durch die vorgestellte Methodik verbessern, wie im Fall einer Widerstand-
sasymmetrie in Abbildung 6.17 verdeutlicht ist. Dazu wurde simulativ der Widerstand einer Phase vergrößert (z.B. erhöhter Übergangswiderstand an einer
gealterten Lötverbindung) und der Antrieb in einem stationären Arbeitspunkt
betrieben. Ab dem Zeitpunkt der Erkennung dieser Asymmetrie führt die Ak-
tivierung der inversen Kompensation zu einer deutlich sichtbaren Reduktion
der Drehmomentwelligkeit.

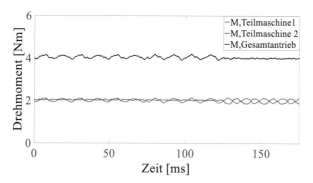

Abbildung 6.17: Drehmoment vor und nach Aufschaltung der inversen Kompensation (ab ca. 120 ms)

6.4 Maßnahmen nach Zwischenkreiskurzschluss

Bei einem Zwischenkreiskurzschluss ohne geeignete Maßnahmen folgen der sofortige Verlust der Lenkunterstützung und ein drehzahlabhängiges Bremsmoment bei jeder Lenkbewegung. Wie der Abbildung 6.18 zu entnehmen ist, kann der Fehler in den Modulen 1 oder 3 bzw. dessen Wirkungen nur durch eine Abschaltvorrichtung im Highside- Zweig der DC- Versorgung unterbunden werden. Erst diese, z.B. mit den ohnehin vorgesehenen Verpolschutzschaltern realisierte Trennung, ermöglicht es mit der nicht betroffenen Teilmaschine wieder ein Unterstützungsmoment von bis zu 50 % zu erzeugen. Durch die fehlenden Phasentrenner und den nach wie vor vorhandenen Zwischenkreiskurzschluss fließen Ströme über die Bodydioden in und aus dem vom Defekt betroffenen Teil des Motors. Die Folge ist eine nicht unerhebliche Drehmomentwelligkcit, auch wenn das mittlere Moment das selbstgesteckte 35 %- Kriterium zu erfüllen scheint.

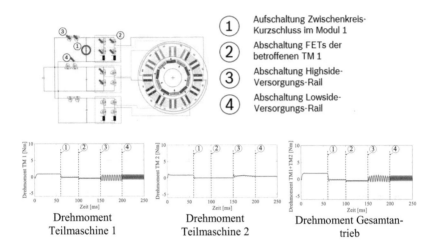

Abbildung 6.18: Erscheinungsbild und Maßnahmen nach Zwischenkreiskurzschluss im Modul 1/ 3 der Endstufe.

Unter der Annahme, dass alle FETs der Teilmaschinen ansteuerbar sind, kann ein „3 + 3"- bzw. „3 & 3"- Phasennotbetrieb appliziert werden. Ist eine Teilmaschine mit defektem Zwischenkreis nicht mehr betriebsfähig (aufgrund des Kurzschlusses), kann unter Umständen das Konzept der inversen Kompensation eingesetzt werden, um mit der Teilmaschine 2 störende Drehmomentschwingungen auszugleichen. Voraussetzung ist eine funktionierende Strommessung im Stromkreis der Teilmaschine 1. Sollten die Verhältnisse (Ströme, Bremsmoment) in der defekten Teilmaschine infolge des immer noch vorhandenen Zwischenkreiskurzschlusses mit steigender Drehzahl unter Umständen unkontrollierbar werden, so wäre auch ein Übergang in den dreiphasigen symmetrischen Kurzschluss in der Teilmaschine denkbar. Eine dadurch hervorgerufene Symmetrie hilft Stromamplituden und Bremsmomente zu begrenzen und stellt u.U. kontrollierbare Bedingungen zur Kompensation im Gesamtantrieb her.

Wie die nachfolgende Abbildung 6.19 im Vergleich zur Abbildung 6.18 zeigt, ist bei dem Zwischenkreiskurzschluss im Modul 2 eine vollständige Trennung von High- und Lowside- Versorgung erforderlich, um im Fehlerfall ein Unterstützungsmoment bereitstellen zu können. Die Trennung und Abschaltung des Moduls 2 ermöglicht ein mittleres, unterstützendes Drehmoment mit deutlicher Welligkeit; Phasenströme liegen innerhalb des Nennbereiches.

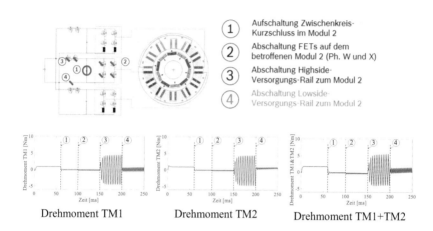

Drehmoment TM1   Drehmoment TM2   Drehmoment TM1+TM2

Abbildung 6.19: Erscheinungsbild Maßnahmen nach Zwischenkreiskurzschluss im Modul 2 der Endstufe.

Nach der erfolgreichen Trennung des Moduls 2 kann das System entsprechend dem im Kapitel 6.1.4 vorgestellten 2 & 2- Phasennotbetrieb adaptiert werden. Damit wäre formal eine Unterstützungskraft von bis zu 50 % des ursprünglichen Nominalwertes mit deutlich geringerer Welligkeit möglich.

Zu guter Letzt sind auch der Zwischenkreis und die Spannungsversorgung aus dem Bordnetz zu bedenken. Die Reaktion eines Kondensators auf die kurzzeitige massive Belastung ist dabei genauso von Interesse wie die Reaktion bzw. Auslöseschwelle vom versorgenden Bordnetz. Eine Reaktion im Antrieb macht nur dann Sinn, wenn entweder die Reaktionszeit kleiner der Auslösezeit einer Fahrzeugsicherung ist oder der Servoaktuator an einer redundanten Versorgung angeschlossen ist.

7 Schlussfolgerung und Ausblick

Elektromotorisch unterstützte Lenksysteme sind heute in nahezu allen modernen Personenkraftwagen im Einsatz. Die Skalierbarkeit in Bezug auf Leistungsbedarf, der Effizienzvorteil gegenüber bisherigen hydraulischen Systemen und die erweiterten Funktionalitäten infolge des komplexen Zusammenspiels von Mechanik, Elektrik, Elektronik und Software sind drei gute Gründe für die Etablierung der EPS- Technologie. Mit dieser Verbreitung und Bedeutung der (assistierten) Lenksysteme für die Mobilität bedingt sich auch ein immer fortwährender Fokus auf das Thema Verlässlichkeit. Nicht zuletzt auch durch den derzeit verfolgten Trend zum automatisierten Fahren und die Einbettung in eine allgemeine Digitalisierung bzw. Vernetzung (technischer) Systeme bedarf es einer Auseinandersetzung mit den Themen Sicherheit und Verlässlichkeit. Wie zu Beginn der Arbeit beschrieben wurde, kann der Stand der Technik im Bereich EPS den neuen Herausforderungen nicht in allen Belangen gerecht werden. Aus diesem Grund hat sich die vorliegende Arbeit intensiv mit der systematischen Analyse und Bewertung der neuen Herausforderungen auseinandergesetzt. Ein Kern dieser Arbeit stellt die Definition des degradierten Betriebes dar. Die Frage nach den Eigenschaften eines fehlerbehafteten Systems mündet unter anderem in der Aussage zum benötigten Unterstützungsgrad.

Eine daraus folgende Ableitung der geeigneten Systemarchitektur basiert zwingend auf einem Systemansatz. Die Komplexität der Dinge spiegelt sich in der Vielfalt der Details wider. Während die Betrachtung und Bewertung einzelner Komponenten oder Funktionen dabei nach wie vor wichtig für das grundlegende Verständnis ist, schafft erst eine Synthese von Teilen und die systematische Analyse des daraus entstehenden Gesamtsystems optimale Entwicklungsergebnisse. Bei der effizienten Suche und Definition einer geeigneten Systemarchitektur sind zunächst vorhandene Lösungen und mögliche Adaptionen untersucht worden. Deren (vollständige) Übertragbarkeit, beispielsweise aus dem Bereich der Luftfahrt, wo das Thema Verlässlichkeit schon wesentlich länger eine große Rolle spielt, ist zumeist nicht in vollem Umfang gegeben. Um Wettbewerbsvorteile in einem umkämpften Marktsegment zu generieren, bedarf es daher optimaler Systementwürfe.

© Springer Fachmedien Wiesbaden GmbH, ein Teil von Springer Nature 2019
N. Trümmel, *Verlässlichkeitssteigerung elektrischer Antriebe am Beispiel der elektromechanischen Servolenkung,* Wissenschaftliche Reihe Fahrzeugtechnik Universität Stuttgart, https://doi.org/10.1007/978-3-658-27806-9_7

Als ein für die Applikation EPS bevorzugter Entwurf wird im Zuge dieser Arbeit die Dual- 3- Phasenarchitektur vorgeschlagen. Dabei handelt es sich um eine redundante Motorarchitektur, gewonnen aus der Modifikation vorhandener Topologien und verbunden mit einer zweikanaligen elektrischen Steuereinheit (ECU). Für die vollständige Redundanz des elektrischen Antriebes wäre theoretisch auch eine doppelte Spannungsversorgung erforderlich, die im Zuge dieser Arbeit zunächst aber nur am Rande berücksichtigt worden ist. Dieser Ansatz verspricht in vielerlei Hinsicht eine mögliche und vor allem effiziente Optimallösung zu sein: der Stand der Technik ist berücksichtigt (Erfahrungswissen nutzen und Risiken minimieren), Synergien und Ansätze zu anderen Applikationen sind vorhanden bzw. in Teilen bekannt und den neuen Anforderungen wird hinreichend Rechnung getragen.

Dass die Implementierung einer (vollständigen) Redundanz aus Sicht der Ökonomie (Kosten) zunächst keine Vorteile verspricht, ist zu erwarten. Um aber auch diesen Punkt nicht außer Acht zu lassen, wird in der vorgeschlagenen Architektur einerseits eine besondere Partitionierung der Endstufe vorgenommen (inklusive Permutation der elektrischen Phasen). Andererseits entfallen auch die sonst für einen permanenterregten elektrischen Antrieb obligatorischen Phasentrennvorrichtungen. Ihre Aufgabe (Abschalten im Fehlerfall) soll durch die hinzugefügte Redundanz substituiert werden. Dass dies gelingen kann, wird mithilfe von FEM- und Systemsimulationen analysiert und in Ansätzen messtechnisch validiert. Die Vorstellung und Analyse möglicher Betriebsstrategien im Fall bestimmter, kritischer Fehlerbilder runden diese Arbeit ab. Dabei ist deren Anwendung weder auf die Dual- 3- Phasen- Architektur noch auf die Applikation der Lenksysteme beschränkt. Im Ergebnis zeigt sich, dass mit der vorgeschlagenen Systemarchitektur in Verbindung mit einer verifizierten Motortopologie und einer Kombination von Betriebsstrategien die geforderten 35 % Restunterstützung im Fehlerfall auch ohne den Einsatz von Phasentrenn- bzw. Abschalteinrichtungen erreichbar sein können.

Bis zu einer möglichen Serienreife der vorgeschlagenen Architektur bedarf es aber weiterer Analysen und Verifikationen sowohl auf der Ebene von Sub-Komponenten (MOSFETs, Endstufe, Mikrocontroller) als auch im Systemverbund. So muss die Realisierbarkeit bzw. Umsetzung der vorgeschlagenen Betriebsstrategien hinsichtlich systeminhärenter Randbedingungen geprüft werden: Reicht die Auflösungsgenauigkeit der Sensorik über den gesamten Drehzahlbereich des Antriebs um den notwendigen Berechnungsinput zu liefern? Reichen die Rechenkapazität und der Speicher zur Bewältigung der Aufgaben? Ermöglicht das System Online- Detektions- und Fehlerbehandlungsverfahren oder ist eine Strategie nur Offline durch Abspeichern vordefinierter Parameter umsetzbar? Diese und einige andere Detailfragen sind vor dem Hintergrund des vorgeschlagenen Systemansatzes z.B. in Simultaneous Engineering- Teams zu bewerten. Als Input für die Bewertung sind auch die erklärten Anforderungen sowie die Definition des degradierten Betriebes einer ständigen Prüfung und Präzisierung zu unterwerfen. Während der Restunterstützungsgrad tiefgreifend ermittelt und bewertet worden ist, sind die Anforderungen bezüglich Haptik, Akustik und Dauer des Notbetriebs zum jetzigen Zeitpunkt noch relativ vage formuliert bzw. stark von subjektiver Bewertung geprägt.

Letztlich soll abschließend noch einmal bewusstgemacht werden, dass das hier vorgestellte Thema Grundlage und zugleich auch Wegbereiter für einige der aktuell verfolgten Zukunftstrends darstellt. Das hoch- und vollautomatisierte Fahren ist dabei das derzeit wohl dynamischste Thema mit besonderen Auswirkungen auf das Lenksystem (Entfall der Rückfallebene „Fahrer"). Aufgrund dieser Dynamik ist ein stetiger, iterativer Prozess der Anforderungsdefinition und Analyse von Lösungskonzepten zwingend erforderlich. Zugleich stellt die Entwicklung eines fehlertoleranten elektrischen Lenkantriebes auch eine wesentliche Basis für die Markteinführung sogenannter Steer- by- wire-Systeme dar; einem weiteren möglichen Trend der nächsten Jahre mit Auswirkungen auf die gesamte Lenkungsarchitektur (u.a. Entfall Lenksäule, möglicherweise Veränderung des gesamten Zahnstangenkonzepts).

Literaturverzeichnis

[1]   B. Heißing, M. Ersoy, S. Gies, „Fahrwerkhandbuch, Grundlagen, Fahrdynamik, Komponenten, Systeme, Mechatronik, Perspektiven", 4. Auflage, Springer Vieweg, 2013

[2]   F. Jenni, D. Wüest, "Steuerverfahren für selbstgeführte Stromrichter", 1. Auflage, Vieweg+Teubner Verlag, 1995

[3]   ISO 26262, „International Standard Road vehicles – Functional safety", Parts 1 to 10, 1st & 2nd Edition, International Standards Organization, Switzerland, 2011 & 2014.

[4]   Paragraf 38, Absatz 1 der Straßenverkehrs-Zulassungs-Ordnung (StVZO) in der Fassung des Inkrafttretens vom 30.06.2016.

[5]   Richtlinie 70/311/EWG bzw. UN/ECE R79, "Uniform provisions concerning the approval of vehicles with regard to steering equipment, Regulation 79", Revision 2, Stand 21. April 2005

[6]   S. Montenegro, „Sichere und fehlertolerante Steuerungen - Entwicklung sicherheits-relevanter Systeme", Hanser Verlag, 1999

[7]   J.-T. Gayen, H. Schäbe, (Miss-) Konzeptionen von Sicherheitsprinzipien, Signal + Draht, (100), Nr. 7+8, 2008, S.11-18

[8]   K. Echtle: „Fehlertoleranzverfahren", Springer-Verlag, Berlin, Heidelberg, 1990.

[9]   E. Levi, R. Bojoi, F. Profumo, H. A. Toliyat and S. Williamson, "Multiphase induction motor drives – a technology status review", IET Electr. Power Appl., 1, S. 489-516, 2007

[10] K. I. Laskaris, and A. G. Kladas, "Comparison of Internal and Surface Permanent Magnet Motor Topologies for Electric Vehicle Applications",8th Int. Symp. On Advanced Electromechanical Motion Systems & Electric Drives, EPE Chapter 'Electric Drives' Joint Symp., S. 1-4, 2009

© Springer Fachmedien Wiesbaden GmbH, ein Teil von Springer Nature 2019
N. Trümmel, *Verlässlichkeitssteigerung elektrischer Antriebe am Beispiel der elektromechanischen Servolenkung,*Wissenschaftliche Reihe Fahrzeugtechnik Universität Stuttgart, https://doi.org/10.1007/978-3-658-27806-9

[11] M. Yoneda, M. Shoji, Y. Kim, and H. Dohmeki, "Novel Selection of the Slot/Pole Ratio of the PMSM for Auxiliary Automobile", Conf. Record of 2006 IEEE Ind. Appl. Conference, Vol. 1, S. 8-13, 2006

[12] N. Bianchi, M. D. Pré, G. Grezzani, and S. Bolognani, "Design considerations on fractional-slot fault-tolerant synchronous motors", IEEE Int. Conf. on Electr. Mach. and Drives, S. 902-909, 2005

[13] S.-H. Lee, G.-H. Lee, S.-I. Kim, J.-P. Hong, "A Novel Control Method for Reducing Torque Ripple in PMSM applied for Electric Power Steering", Int. Conf. Electr. Machines and Systems ICEMS, IEEE Conf. Public., S. 3142-3145, 2008

[14] S. Ivanov, V. Defosse, F. Labrique, and P. Sente, "Control under Normal and Fault Operation of a PM Synchronous Motor with Physically and Magnetically Decoupled Phases", Int. Symp. on Pow. Electronics, Electric Drives, Automation and Motion, SPEEDAM, S. 878-883, 2008

[15] S. Dwari, and L. Parsa, "An Optimal Control Technique for Multiphase PM Machines Under Open-Circuit Faults", IEEE Trans. Ind. Electr., Vol. 55, Nr. 5, S. 1988-1995, 2008

[16] J. D. Ede, K. Atallah, J. B. Wang and D. Howe, "Modular Fault-Tolerant Permanent Magnet Brushless Machines", PEMD, Conf. Publ. Nr. 487, 2002

[17] E. Levi, "Multiphase Electric Machines for Variable-Speed Applications", IEEE Trans. Ind. Electron. 55 (5), S. 1893-1909, 2008

[18] J. J. Wolmarans, H. Polinder, J. A. Ferreira, D. Clarenbach, "Selecting an optimum number of system phases for an integrated, fault tolerant permanent magnet machine and drive", 13th EPE Power Electr. and Appl., Conf. Publ., S. 1-10, 2009

[19] C. A. Reusser, "Full-electric ship propulsion, based on a dual nine-switch inverter topology for dual three-phase induction motor drive," 2016 IEEE Transportation Electrification Conference and Expo (ITEC), Dearborn, MI, 2016, S. 1-6.

[20]   G. Müller, K. Vogt, B. Ponick, „Berechnung elektrischer Maschinen", 6. Auflage, Wiley-VCH, 2012

[21]   E. Carraro, N. Bianchi, S. Zhang and M. Koch, "Performance comparison of fractional slot concentrated winding spoke type synchronous motors with different slot-pole combinations," 2015 IEEE Energy Conversion Congress and Exposition (ECCE), Montreal, QC, 2015, S. 6067-6074.

[22]   A.R. Matyas, K.A. Biro, D. Fodorean, "Multi-phase synchronous motor solution for steering applications," Progress in Electromagnetics Research, Vol. 131, 2012, S. 63-80

[23]   A. Matyas, G. Aroquiadassou, C. Marţis, A. Mpanda-Mabwe and K. Biro, "Design of six-phase synchronous and induction machines for EPS," The XIX. International Conference on Electrical Machines - ICEM 2010, Rome, 2010, S. 1-6.

[24]   M. Barcaro, N. Bianchi and F. Magnussen, "Analysis and Tests of a Dual Three-Phase 12-Slot 10-Pole Permanent-Magnet Motor," in IEEE Transactions on Industry Applications, vol. 46, no. 6, S. 2355-2362, Nov.-Dec. 2010.

[25]   M. Barcaro, N. Bianchi and F. Magnussen, "Configurations of fractional-slot IPM Motors with dual three-phase winding," 2009 IEEE International Electric Machines and Drives Conference, Miami, FL, 2009, S. 936-942.

[26]   M. Barcaro, L. Alberti and N. Bianchi, "Thermal analysis of dual three-phase machines under faulty operations," 8th IEEE Symposium on Diagnostics for Electrical Machines, Power Electronics & Drives, Bologna, 2011, S. 165-171.

[27]   M. Barcaro, N. Bianchi and F. Magnussen, "Faulty Operations of a PM Fractional-Slot Machine With a Dual Three-Phase Winding," in IEEE Transactions on Industrial Electronics, vol. 58, no. 9, S. 3825-3832, Sept. 2011.

[28] B. Basler, T. Greiner and P. Heidrich, "Fault-tolerant strategies for double three-phase PMSM used in Electronic Power Steering systems," 2015 IEEE Transportation Electrification Conference and Expo (ITEC), Dearborn, MI, 2015, S. 1-6.

[29] M. Zabaleta, E. Levi and M. Jones, "Modelling approaches for triple three-phase permanent magnet machines," 2016 XXII International Conference on Electrical Machines (ICEM), Lausanne, 2016, S. 466-472.

[30] V. Oleschuk, G. Griva, "Common-Mode Voltage Cancellation in Dual Three-Phase Systems with Synchronized PWM", IEEE Int. Symp on Ind. Electr. (ISIE), S. 706-711, 2010

[31] J. Zhu, N. Ertugrul, and W. L. Soong, "Fault Remedial Strategies in a Fault-Tolerant Brushless Permanent Magnet AC Motor Drive with Redundancy", Conf. Publ. IPEMC2009, S. 423-427, 2009

[32] J. Karttunen, S. Kallio, P. Peltoniemi, P. Silventoinen, and O. Pyrhönen, „Dual Three-Phase Permanent Magnet Synchronous Machine Supplied by Two Independent Voltage Source Inverters", Proc. Int. Symp. on Power Electronics, Elec. Drives, Automat. and Motion, S. 741-747, 2012

[33] L. Alberti, N. Bianchi, "Impact of Winding Arrangement in Dual 3-phase Induction Motor for Fault Tolerant Applications", Proc. XIX ICEM, S. 1–6, 2010

[34] F. Baudart, F. Labrique, E. Matagne, D. Telteu and P. Alexandre, "Control under normal and fault tolerant operation of multiphase SMPM synchronous machines with mechanically and magnetically decoupled phases," 2009 International Conference on Power Engineering, Energy and Electrical Drives, Lisbon, 2009, S. 461-466

[35] G. J. Atkinson, J. W. Bennett, B. C. Mecrow, D. J. Atkinson, A. G. Jack and V. Pickert, "Fault tolerant drives for aerospace applications," 2010 6th International Conference on Integrated Power Electronics Systems, Nuremberg, 2010, S. 1-7.

[36] J. W. Bennett, B. C. Mecrow, D. J. Atkinson and G. J. Atkinson, "Safety-critical design of electromechanical actuation systems in

commercial aircraft," in IET Electric Power Applications, vol. 5, no. 1, S. 37-47, January 2011.

[37]   S. L. Kellner, "Parameteridentifikation bei permanenterregten Synchronmaschinen," Dissertation Friedrich-Alexander-Universität Erlangen-Nürnberg (FAU), 2012

[38]   B. C. Mecrow, A. G. Jack, D. J. Atkinson and J. A. Haylock, "Fault tolerant drives for safety critical applications," IEE Colloquium on New Topologies for Permanent Magnet Machines (Digest No: 1997/090), London, 1997, S. 5/1-5/7.

[39]   B. C. Mecrow, A. G. Jack, J. A. Haylock and J. Coles, "Fault-tolerant permanent magnet machine drives," in IEE Proceedings - Electric Power Applications, Bd. 143, Nr. 6, S. 437-442, Nov 1996.

[40]   Xin. Zhang, Zhang Xin, Shi Guobiao and Lin Yi, "Steering feel study on the performance of EPS," 2008 IEEE Vehicle Power and Propulsion Conference, Harbin, 2008, S. 1-5.

[41]   H. Zheng, W. Deng, S. Zhang and Y. Jiang, "Studies on the Impacts of Steering System Parameters on Steering Feel Characteristics," 2015 IEEE International Conference on Systems, Man, and Cybernetics, Kowloon, 2015, S. 486-491.

[42]   A. T. Zaremba, M. K. Liubakka and R. M. Stuntz, "Control and steering feel issues in the design of an electric power steering system," Proceedings of the 1998 American Control Conference. ACC (IEEE Cat. No.98CH36207), Philadelphia, PA, 1998, S. 36-40 Bd.1.

[43]   N. Sugitani, Y. Fujuwara, K. Uchida and M. Fujita, "Electric power steering with H-infinity control designed to obtain road information," Proceedings of the 1997 American Control Conference (Cat. No.97CH36041), Albuquerque, NM, 1997, S. 2935-2939 Bd.5.

Printed in the United States
By Bookmasters